감성으로 표현한

실용
업스타일

감성으로 표현한

실용 업스타일

Practical up style

이미정 김주섭

구민사
Technology Computer
www.kuhminsa.co.kr

머리말

업스타일이라 하면 예전에는 결혼식이나 약혼식 등 큰 명절, 행사 시에만 시술하는 헤어스타일이라 생각했다.

하지만 현재의 업스타일은 명절, 결혼식 행사 시에만 시술하는 헤어스타일이 아니라 평소에도, 파티장, 공연장에서도 업스타일을 한다.

본 교재는 이러한 업스타일을 감성별, 예술사조, 의상별, 길이별로 분류하여 작품 특징과 시술 과정 사진으로 구성하였고, 특히 사진으로만 이해하기 어려운 부분, 또는 업스타일을 처음 접하는 분들을 위해 각 스타일 마다 QR코드를 넣어서 QR코드와 작업사진을 같이 보면서 연습, 시술을 할 수 있도록 하여 이 교재를 보고 연습하시는 분들에게 조금이나마 더 도움을 주고자 노력하였다.

책의 내용을 자세히 보면 감성별에는 엘레강스, 로멘틱, 규티, 에스닉 편으로 구성하였고, 예술사조에는 아르누보, 아방가르드 편으로 구성, 의상별로는 한복과 드레스 편, 클래식하지 않은 세미업스타일편, 길이별에는 쇼트 업스타일로 구성하였다.

내용면에서 실용적인 면에 중점을 두었으며, 내용이 중복이 되지 않게 구성하였다. 실용적인 업스타일 작품이 많은 만큼, 대학교재 뿐만 아니라 현직에 종사하는 모든 미용인에게 유익한 교재라고 생각한다.

이 교재로 공부하고 연구하는 모든 미용인에게 조금 이나마 교재가 도움이 되었으면 한다.

끝으로 이 책이 나올 때 까지 수고해주신 구민사 조규백 사장님께 깊은 감사를 드린다.

2013년 8월 저자

contents

머리말 5

chapter 01 업스타일 정의 11

1. 업스타일의 개념 13
2. 업스타일의 조형성 13
3. 업스타일의 디자인 요소 14
4. 업스타일 디자인 법칙 18
5. 업스타일 디자인 결정 20

chapter 02 우리나라 업스타일 역사 25

1. 삼국시대 25
2. 고려의 머리스타일 28
3. 조선시대 머리스타일 30
4. 개화기 34

chapter 03 업스타일 도구 37

1. 빗의 종류 37
2. 핀의 종류와 특징 39
3. 핀셋의 종류와 특징 41
4. 스타일링제 41
5. 기타 도구 43

chapter 04 업스타일 디자인 기법 45

1. 땋기(Braid) 45
2. 꼬기(Twist) 47
3. 매듭(Knot) 48
4. 고리(Loop) 49
5. 겹치기(Overlap) 50
6. 말기(Roll) 51
7. 백콤 넣기 52

chapter 05 업스타일 기초 테크닉 53

1. 브러싱 하는 법 53
2. 매직기와 아이론으로 웨이브 하는 법 54
3. 백코밍하기 56
4. 싱 넣기 56
5. 고무줄 묶는 방법 57
6. 핀 꼽기 종류 58
7. 토대 만들기 61
8. 포인트 위치에 따른 이미지 느낌 63

chapter 06 감성 업스타일 65

엘레강스 이미지 업스타일 65
엘레강스 이미지 업스타일 시술 1 66
엘레강스 이미지 업스타일 시술 2 70
엘레강스 이미지 업스타일 시술 3 75
엘레강스 이미지 업스타일 시술 4 80
로맨틱이미지 업스타일 84
로맨틱 이미지 업스타일 시술 1 84
로맨틱 이미지 업스타일 시술 2 88
로맨틱 이미지 업스타일 시술 3 92

로맨틱 이미지 업스타일 시술 4 95
큐티 이미지 업스타일 99
큐티 이미지 업스타일 시술 1 99
큐티 이미지 업스타일 시술 2 107
큐티 이미지 업스타일 시술 3 111
큐티 이미지 업스타일 시술 4 116
큐티 이미지 업스타일 시술 5 118
에스닉 이미지 업스타일 122
에스닉 이미지 업스타일 시술 1 122
에스닉 이미지 업스타일 시술 2 131
에스닉 이미지 업스타일 시술 3 137
에스닉 이미지 업스타일 시술 4 145

chapter 07 아르누보+아방가르드 업스타일 151

아르누보 이미지 업스타일 151
아르누보 이미지 업스타일 시술 1 152
아르누보 이미지 업스타일 시술 2 156
아르누보 이미지 업스타일 시술 3 160
아르누보 이미지 업스타일 시술 4 164
아방가르드 이미지 업스타일 168
아방가르드 이미지 업스타일 시술 1 169
아방가르드 이미지 업스타일 시술 2 174
아방가르드 이미지 업스타일 시술 3 178
아방가르드 이미지 업스타일 시술 4 181

chapter 08 한복 & 드레스 업스타일 187

한복 업스타일 187
한복 업스타일 시술 1 188
한복 업스타일 시술 2 195
한복 업스타일 시술 3 203
드레스 업스타일 208
드레스 업스타일 시술 1 208
드레스 업스타일 시술 2 215
드레스 업스타일 시술 3 221
드레스 업스타일 시술 4 227

chapter 09 세미업스타일 233

세미업스타일 시술 1 234
세미업스타일 시술 2 238
세미업스타일 시술 3 242

chapter 10 쇼트 길이의 업스타일 247

쇼트 업스타일 시술 1 248
쇼트 업스타일 시술 2 254
쇼트 업스타일 시술 3 259
쇼트 업스타일 시술 4 264

참고문헌 269

chapter 01

업스타일 up-style 정의

practical up-style

업스타일이란 '머리를 묶거나 빗어 높이 올려 두상의 한 위치에서 여러 형태의 스타일을 연출하고 목선을 드러내는 여자의 머리모양 또는 여자의 머리 꾸밈새'라고 정의한다. 보통 업스타일이라 하면 시뇽스타일처럼 올림머리만을 생각하기 쉬우나 사전적 의미를 살펴보면 정확하게 정의 하기는 어렵다. 업스타일의 표현적 이미지는 우아함과 여성스러움, 로맨틱 등을 표현하는 헤어 연출 방법 중 한 분야이다.

일반 헤어스타일과 마찬가지로 테크닉과 디자인이 강조되고 조형감각이 요구되어지며 헤어디자이너로서 업스타일의 기본 테크닉은 많은 시간과 반복되는 연습을 통하여 경험과 경력이 되었을 때 예술적이고 조화미가 넘치며 고객이 원하는 스타일로 작품의 완성도를 높일 수 있다. 업스타일은 우리 선조들이 예전부터 우리고유의 한복문화와 맞물려서 내림머리에서 쪽을 짓는 등 시술하여 결혼식, 회갑연, 명절, 파티 등 격식을 갖춘 모임에 주로 하였다.

목덜미의 머리카락 끝 부분을 보이게 머리카락을 높게 빗어 올려 윗부분에서 묶은 머리형의 총칭으로 볼륨을 없애고 산뜻하게 묶은 시뇽스타일이나 전체로 불룩함을 갖게 한 퐁파두르스타일 등도 포함되며 머리카락을 묶은 듯 안 묶은 듯, 빗질이 정돈되게 된 듯 안한듯한 세미 업스타일도 있다.

시뇽스타일이란 모발을 구조적 디자인 양식으로 구성시킴으로서 균형과 비례 장식요소의 역할을 가진다. 시뇽은 강조된 구조감, 직조감을 표현하며 전통적인 양식과 차별되는 감각적이고 현대적인 표현으로 단정하게 틀어 올려 말아 올린 후 깔끔하게 고정시키거나 흘러내리듯 느슨하게 말아 올리는 기법이 활용된다. 디자인 경향이라 일정한 시기에 유행되어 영향을 주는 사조로서 가변적이고 반복적인 특징을 갖는다.

2000년대를 중심으로 시뇽스타일은 비대칭형과 함께 나타난 헤어트랜드에서의 시뇽스타일은 평면 기하학으로 부터 직선, 사선, 원 곡선의 축을 이용한 두개골 공간의 구적 활용에 따른 작품이다. 이동하는 수직성에 비해 거의 저절로 이루어지는 듯 한 직선으로 부터의 곡선화 된 유기체적인 헤어디자인은 혁신적인 디자인 전환을 가져다주었다.

원포인트 시뇽

패티시뇽

루프시뇽

해트시뇽

1. 업스타일의 개념

1) 업스타일 디자인은 우아함과, 귀여움, 여성스러움 그리고 로맨틱을 묘사하는 헤어 연출법이다. 헤어디자인 분야 중 업스타일은 머리를 높이 빗어 올려 위에서 마무리하고 목선을 드러내는 여자의 머리모양이라 하여 결발의 한 형으로 머리 스타일을 말한다. 기법으로 빗거나 땋아서 모발을 원하는 두상에 원하는 모양 흐름을 질서 있게 연출하는 것이다.

2) 업스타일이라 하면 위로 높게 올림머리만을 말하는 것이 아니라 예전 우리 선조들의 쪽진 머리나 서양의 시뇽(chignon) 스타일이라고 말하는 아래로 묶어서 형을 낸 스타일도 업스타일이라고 할 수 있다.

3) 업스타일은 입체적이고 심미적인 아름다움의 표현을 위한 헤어디자인의 한 분야이다.

2. 업스타일의 조형성

예술분야 가운데 공간적인 형태의 시각적 예술품을 만들어내는 일을 조형예술이라고 한다. 조형이란 물건을 만들 때 형태를 잡는 것이며 조형에는 반드시 색이 따른다. 조형이란 모양과 색채, 질감에 의해서 이루어지고 세 가지 요소가 합쳐진 것을 조형이라고 한다. 헤어디자인 분야 중 업스타일도 형태를 다루면서 최상의 아름다움을 추구하기에 조형 예술적 측면에서 접근하는 것이 필요하다.

Upstyle

3. 업스타일의 디자인 요소

1) 형태(Form) : 윤곽선, 실루엣

형태는 디자인 전체의 시각적인 외형으로 정의될 수 있는데, 형태란 평면이나 볼륨을 암시하거나 나타내면서 형, 크기, 색채 그리고 질감의 모든 시각적 요소로 이루어진 눈에 보이는 모든 실재물을 말한다. 넓은 의미에서 가시적인 모든 것은 형태를 갖고 있다. 형태는 인간의 감각 중 시각과 촉각에 의해 지각되므로 형태의 의미를 시각과의 관계성에서 볼 수 있다.

(1) 모양과 크기

① **원형**(Circle)

길이, 넓이, 높이가 균등한 비율의 둥근형이다.

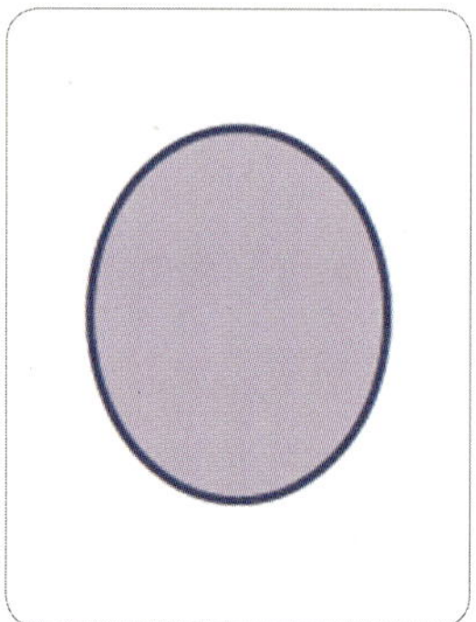

② **편구형**(Oblate)

좌우로 넓이가 길게 확장된 형이다.

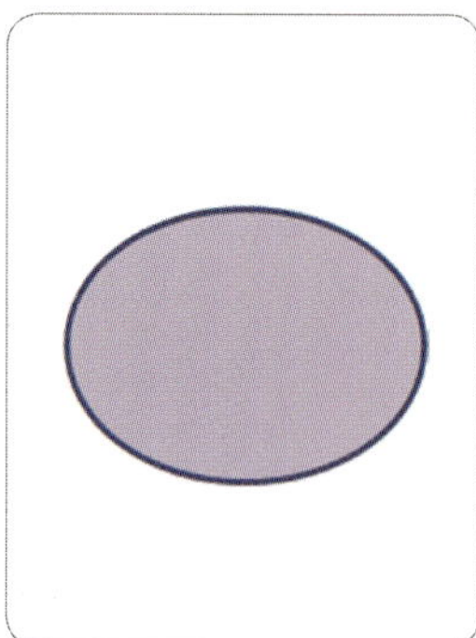

③ **장구형**(Prolate)

세로길이 방향으로 길게 확장된 형이다.

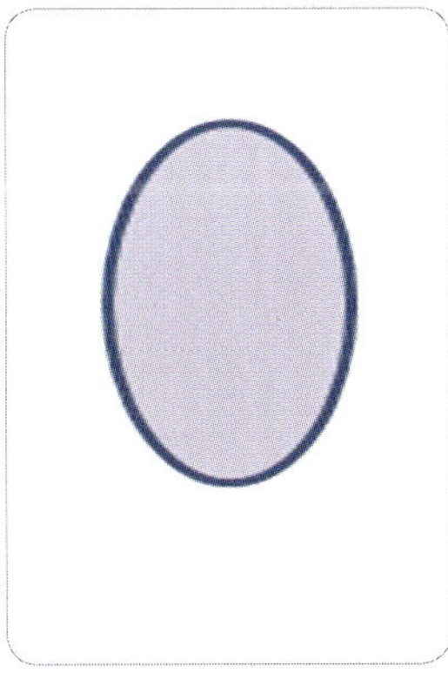

(2) 묶음 위치에 따른 느낌 표현

골덴부분	백 부분	네이프 부분
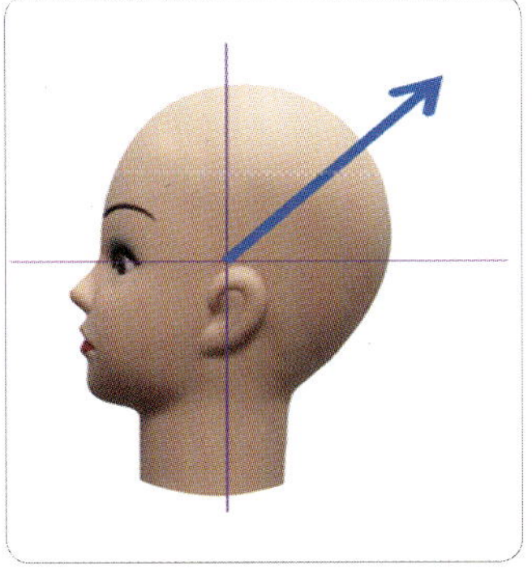	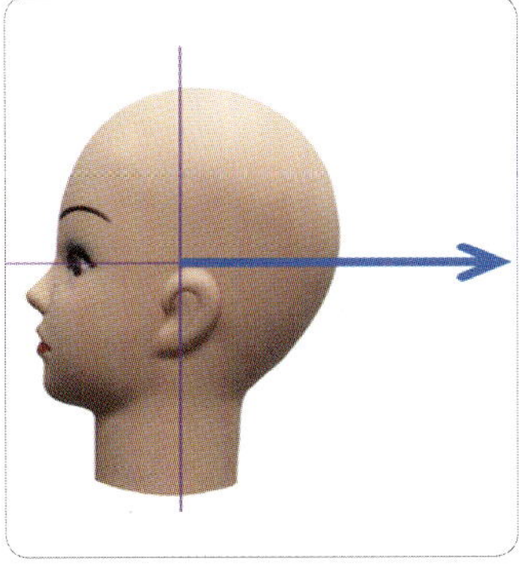	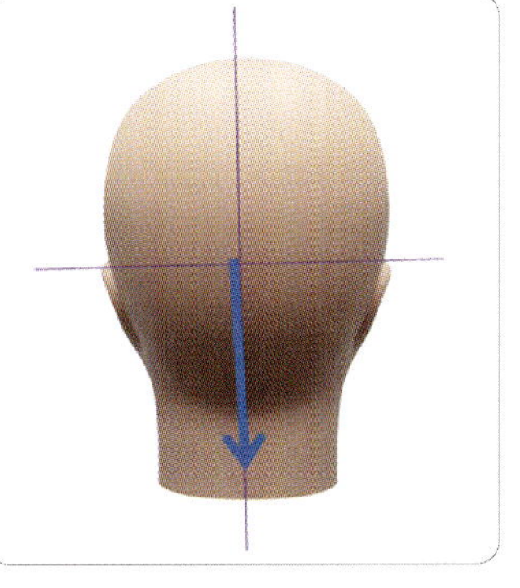

활동적 경쾌감 발랄함	안정 평온 단순	엄격 위엄 간결형태

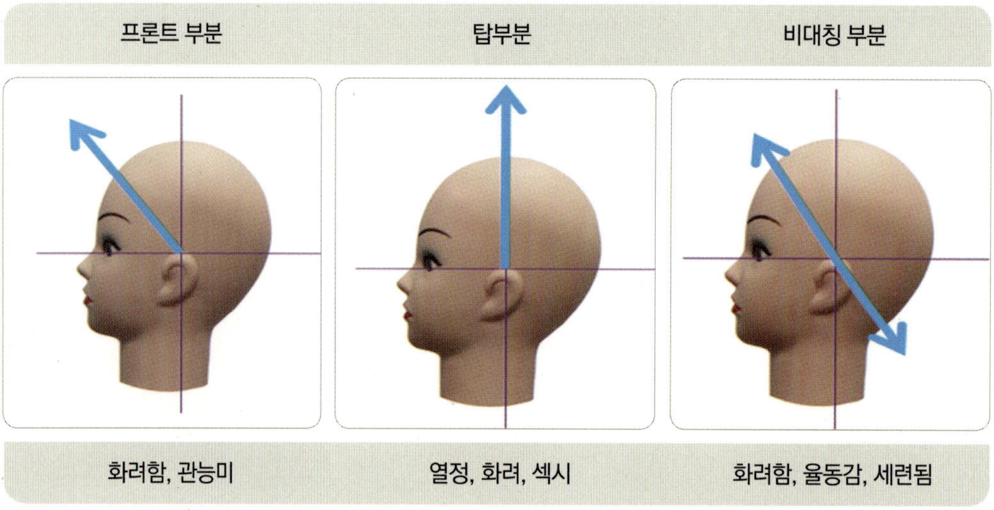

2) 형태의 방향

(1) 각 모양의 위치 또는 디자인 안의 크기(볼륨)에 의해 결정된다.
(2) 전체 축은 모든 직선과 곡선으로 구성되어 형태의 방향을 분석하는데 이용될 수 있다.

3) 질감(Texture) : 표현의 촉감, 시각적, 느낌, 빛의 반사, 다양한 기법 사용

헤어디자인에서 질감이란 머릿결(모질)을 말한다. 머릿결은 촉각과 시각으로 느낄 수 있는 스타일 표면의 질이다. 업스타일에 기본적으로 어떤 표면의 모습이나 느낌이 부드럽다, 거칠다, 혹은 매끄럽다 와 같은 말로 표현한다.

(1) 매끈한 질감(Un activated)

고리(Loops), 말기(Roll), 직모(Straight Hair) 등기법으로 빗질이 잘 정리 정돈 연출된 스타일의 전체적인 표면이 매끈한 것을 말한다.

(2) 거친 질감(Activated)

꼬기, 땋기, 매듭 등 연출된 스타일의 표면이 매끄럽지 않고 일정한 패턴 등으로 울퉁불퉁한 느낌을 말한다.

(3) 혼합형 질감(Combination)

매끈함과 거친 질감이 혼합된 스타일을 말한다.

매끈한 질감

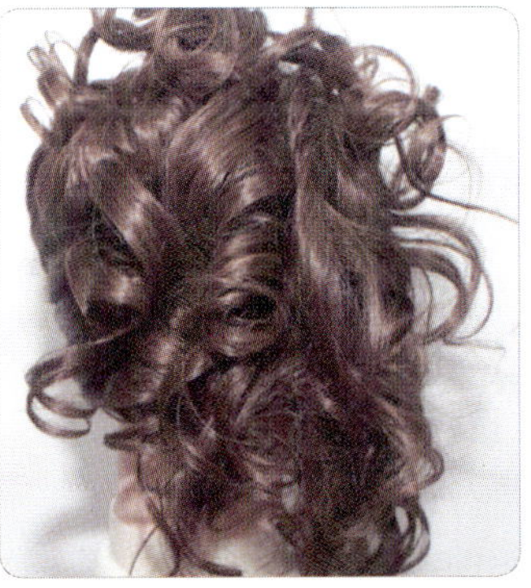

거친 질감

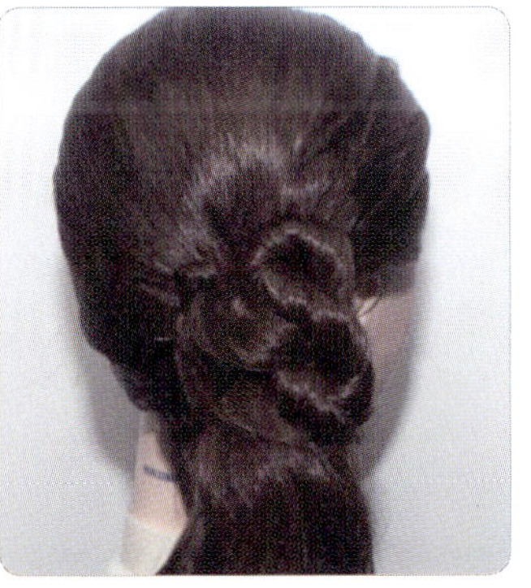

혼합질감

4) 색채(Color) : 빛의 반사를 통해 볼 수 있는 요소

색체는 물체에 빛이 반사할 때 얻어지는 시각적 효과로서 질감과 부피를 만들어주는 디자인 요소이며, 일반적으로 디자인에 가장강한 영향을 준다. 색체는 또한 생동감과 방향감에 대한 착각을 일으키게 하여 시선을 특정한 부분에 집중시키게 한다. 즉 전체적인 머리형은 그대로 이지만 질감과 부피, 머릿결의 차이가 색채로 인해 만들어진다. 색체의 효과로는 어느 특정 부분을 강조하거나 단점을 감추기도 하며, 은은하고 차분한 것에서 비롯하여 변신까지 유도시킬 수 있는 다양한 범위로 표현될 수 있다.

(1) 어두운 컬러

어두운 컬러는 깊이감이 있으며 컬러 보다는 전반적인 형태에 집중하는 효과가 있다.

(2) 밝은 컬러

밝은 컬러는 활발한 느낌이 들며 형태감이 어두운 컬러보다는 더 잘 보인다.

- 하이라이트, 전체컬러, 부분컬러

(3) 혼합컬러

주로 기능경기대회, 미용장 시험 등에 사용하는 컬러 기법으로 웨이브 흐름 등 시작점과 끝맺음이 이루어진 위치를 알 수 있다.

4. 업스타일 디자인 법칙(Design Principal)

디자인 구성 요소를 배열하는 패턴(형태, 질감, 색상의 3가지 디자인 요소)

롱 헤어에 사용되는 여러 가지 주요 디자인 법칙은 균형, 강조, 율동, 통일, 조화를 접목시켜 연출한다. 단독 혹은 혼합사용하여, 흥미로운 디자인을 구성한다.

1) 균형(Balance) : 디자인의 시각적, 혹은 실제 무게감을 의미한다.

(1) 대칭(Symmetry) : 중심선이나 중심축의 양쪽에 크기와 모양이 똑같이 위치, 실제 무게감도 똑같이 분배된다.

(2) 비대칭(Asymmetry) : 중심선이나 중심축의 양쪽에 크기와 모양이 고르지 않게 위치, 무게감도 다르다.

* 업스타일 디자인 할 때는 형태, 질감, 색상과의 상호관계를 고려해야 한다.

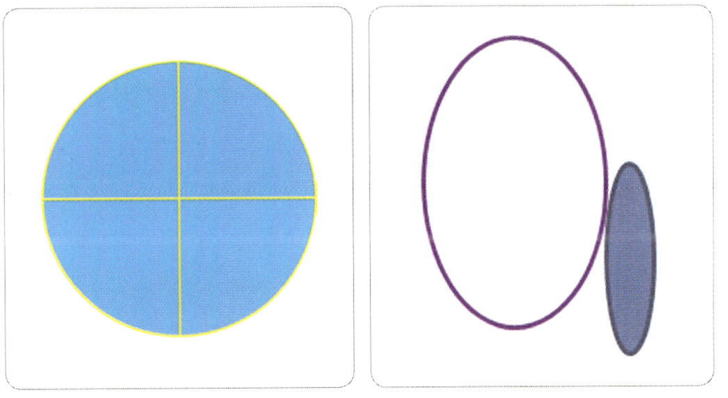

대칭 비대칭

2) 강조(Dominance) : 디자인의 초점. 강조된 주된 부위이다.

업스타일 연출 시에, 형태 위치, 질감 정도, 또는 색상을 통해 다양한 방법의 강조를 표현할 수 있다.

3) 반복(Repetition) : 한 가지 디자인 요소나 대상이 동일하게 반복적으로 배열 연결 연출되는 것으로 율동감이 표현된다.

4) 교대(Alternation) : 두개 이상의 디자인 요소가 연속적인 순서로 반복으로 연출한다.

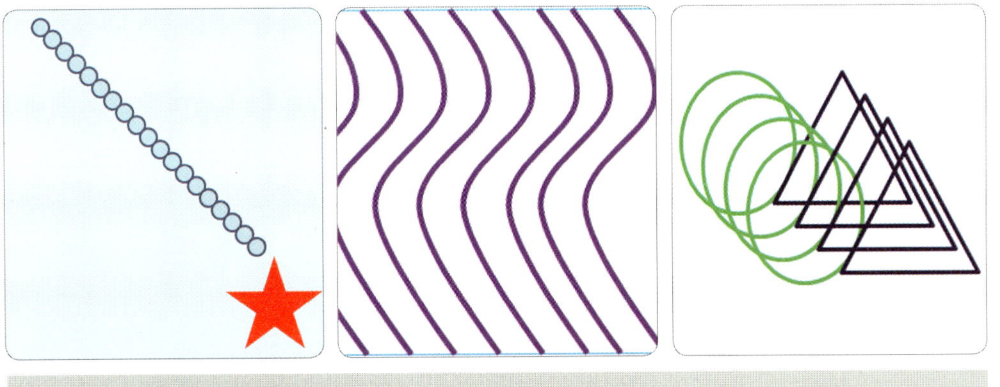

강조 반복 교대

5) 진행(Progression) : 디자인요소가 점점 증가, 또는 점점 감소하는 형태로 동적이 느낌의 변화가 있으며 디자인요소가 비율적인 단계로 연속하여 연출된다.

6) 대조(Contrast) : 디자인 요소, 색상 등이 상반되는 특징으로 구성되는 스타일이다.

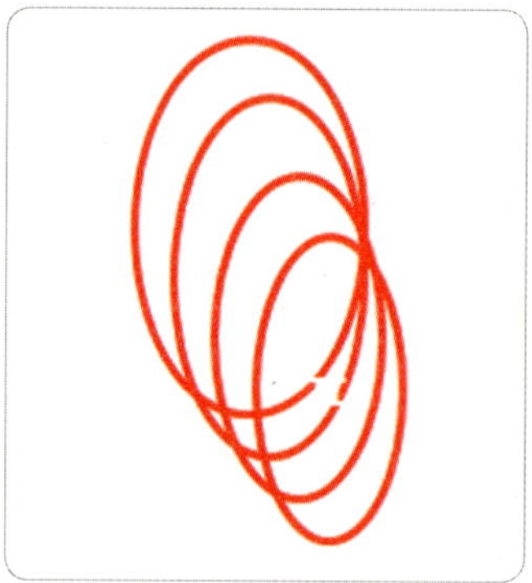

진행

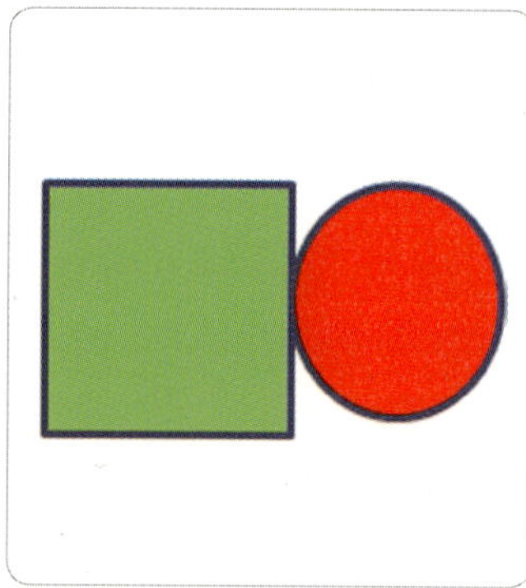

대조

Upstyle

5. 업스타일 디자인 결정(Design Decisions)

업스타일 디자인 결정을 위해 고려해야 사항이다.

1) 얼굴형

얼굴의 형은 모든 헤어 디자인 시술시 고려대상이며 업스타일 연출시 역시 얼굴형에 따라 강조해야 할 위치 등을 결정해야 한다.

① 둥근형 얼굴

얼굴길이가 둥근형이니 프론트부위에 볼륨감 있는 연출을 하고 양사이드는 볼륨을 감소하는 디자인을 한다.

② **삼각형 얼굴**

얼굴 아래 턱부위가 넓고 이마 부위가 좁은 형으로 이마부위에 볼륨감과 강조를 하는 디자인을 하여 균형, 비례를 맞춘다.

③ **장방향 얼굴**

얼굴이 긴 형으로 탑 부위에 볼륨을 감소시키고 양 사이드 부분에 볼륨 포인트를 주어 전체적인 이미지가 길어 보이지 않고 계란형에 가깝도록 디자인 한다.

④ **역삼각 얼굴**

삼각형의 얼굴과 반대로 이마가 넓고 턱 부위가 좁은 형으로 디자인 시 이마, 양사이드 볼륨을 감소시키고, 아래 턱 부위에 볼륨, 강조를 하여 균형을 맞춘다.

⑤ **마름모형 얼굴**

좁은 이마와 턱을 가진 형으로 디자인 시 이마 부위에 볼륨감 있게 디자인하고 아래부위도 디자인하여 균형을 맞춘다.

⑥ **사각형 얼굴**

얼굴 턱부위가 각이 진 형으로 남성다운 느낌이 강하다. 전체적으로 두상의 외형을 부드럽고 볼륨감 있게 디자인하여 부드러운 인상을 주도록 한다.

⑦ **오목한 얼굴**

이마와 턱 부위가 앞으로 돌출된 형으로 전두부, 프론트부위 머리를 짧게 하여 이마 부위를 감싸고 네이프부분 볼륨 있게 디자인한다.

⑧ **볼록한 얼굴**

이마와 턱이 들어가고 코부위가 돌출된 형으로 앞이마에 컬이나 뱅으로 디자인하고 네이프 양 사이드에 뱅을 디자인한다.

뱅 등의 볼륨으로 탑부분을 강조하고 네이프부분에 단순한 볼륨으로 처리한다.

⑨ 낮은 이마와 돌출 얼굴

이마가 낮고 좁으며 턱이 돌출 된 형으로 뱅 등의 볼륨으로 탑부분을 강조하고 네이프 부분에 단순한 볼륨으로 처리한다.

2) 신체적 구조

사람의 신장은 업스타일 전체적인 구조에 큰 영향을 준다. 신장의 장·단에 따라 디자인 패턴 강조 포인트 위치 등을 결정해야 한다. 또한 외형이 마른 체형인지, 뚱뚱한 체형인지 고려하여 체형과 비례 또는 강조를 결정하고 연출한다.

예를 들어 신장이 작다면 탑 부분을 강조하거나, 볼륨을 주어야 한다. 목선에 따른 디자인은 짧고 굵은 목은 전두부 부위를 높게 강조, 볼륨을 주어 길어 보이게 하고, 가늘고 긴 목은 컬이나 뱅으로 목 부위, 양사이드 부위에 디자인한다.

3) 머리길이와 머리형

머리길이에 따라 표현 할 수 있는 요소가 한정 되니 길이를 고려하여 시술을 해야 하고 머리형에 따라 강조 패턴 위치 등을 고려해야 한다.

4) 장소

참석해야 할 장소 예를 들어 결혼식, 파티 등에 따라 업스타일 연출시 우아함, 여성스러움, 귀여움 등 고려하여 연출해야 한다.

5) 패션

입고 있는 패션을 고려하여 화려함, 단정함, 목선의 디자인 등 업스타일을 연출하여야 한다.

6) 선호하는 개인적인 스타일

고객의 선호스타일을 먼저 고객과 상의한 후 디자인 한다. 고객별로 화려함을 좋아하는 사람이 있을 수 있고, 단정함을 원하는 사람이 있을 수 있다.

7) 최근 트렌드

디자이너는 항상 트렌드를 파악하여 고객 시술시 고려해야 한다.

예를 들어 젊은 층은 너무나 클래식한 업스타일이 아닌 세미업스타일을 시술하기도 한다.

8) 모발 밀도

모발의 숱 정도를 고려하여 백코밍이나 싱(보조물)을 넣어 볼륨, 강조를 연출할 수 있다.

9) 연령

고객의 연령을 고려하여 단정함, 화려함, 우아한 업스타일 연출을 해야 한다.

10) 메이크업, 헤어컬러

메이크업, 헤어컬러와 같은 색체적인 면을 고려하여 연출한다.

chapter 02

우리나라 업스타일 역사

practical up-style

Upstyle

1. 삼국시대

삼국시대 수발(首髮)은 국가의 체계가 갖추어지고 생활수준이 향상된 삼국시대에 이르러 다양화되었다. 고구려의 벽화에 나타난 여인들의 두발형은 다양하고, 백제의 여성은 혼인을 전후로 머리의 형태가 다양하며 신라의 여인들은 가발을 사용해 장발(長髮)의 연출력이 뛰어났다. 이 시대는 머리형으로 귀천의 차이를 나타냈다. 장신구에는 관(冠)과 관장식, 귀걸이, 팔지, 반지, 비녀 등이 있으며 비녀로는 청동제와 은제가 있는데 모두 현재 열린 핀의 형태이다

1) 고구려의 머리스타일

고구려의 남자머리는 긴머리를 틀어 올린 상투가 대표적이다. 또한 남녀 모두 푼기명머리를 한 것을 알 수 있다. 고구려 여자의 대표적인 머리 모양은 고계이다. 고계 고구

려 벽화에 그려진 미천왕비의 모습에서 알 수 있다. 고계는 머리를 높게 올리고 틀을 이용하여 머리카락을 양 옆으로 둥글게 말아 고리 모양으로 연출하고 약간의 머리를 뒤에 남기고 그 고리에 걸어 늘어뜨린 모양을 하였다. 남자는 남북이 모두 수계(상투) 한가지였지만 여자에게는 다섯가지 머리스타일을 알 수 있다.

(1) 얹은머리 : 모발을 뒷머리로 부터 앞머리로 감아 돌리어 끝을 앞머리 가운데에 감아 꽂은 것으로 무용총 주실 우벽에 밥상을 받든 여인도에서 볼 수 있다.

(2) 쪽진머리 : 두발을 뒤통수(Nape point)에 낮게 트는 양식으로 각저총 주실 편벽 둘째번의 여인도 등에서 볼 수 있다.

(3) 푼기명머리 : 두발을 3분하여 한 다발의 머리채는 뒤로하고 두 다발의 머리채는 좌우의 볼쪽에 늘어뜨린 계양으로 삼실총 제1실 남벽 왼쪽 여인도 등에서 볼 수 있다.

(4) 묶은 증발머리 : 짧은 두발을 뒷머리에 낮게 묶은 계양으로서 무용총 주실 우벽의 밥상을 받든 소녀도에서 볼 수 있다.

(5) 쌍쌍투머리 : 머리좌우의 정변 가까이에 두 개의 계두를 틀어올려 동그랗게 얹은 머리를 말한 것으로, 중화군 제4호분, 제1호분 서벽의 소녀도 등에서 볼 수 있다.

쌍영총 귀부인

안악2호분

각저총 묘주부인

동부부인 안악3호분

덕흥리 무덤벽화

2) 백제의 머리스타일

백제시대의 수발형태는 옛 중국의 사서(史書)를 통해서 살펴볼 수 있다.북사열전(北史列傳)에 여자는 "머리를 땋아서 뒤로 늘이고 혼례를 하면 두 가닥으로 나눠 머리 뒤에 길고 잘 휘는 물건을 헝클어지지 않도록 빙빙 둘러서 포개어 감아뒀다."라든지, 수서(隨書)에 "머리를 두 갈래로 나눠 서린다."라는 기록과 주서(周書)에 "미혼녀 들은 머리를 땋아서 머리 위에 둥그렇게 얹고 다닌다."는 기록으로 대략 짐작할 수 있다.

이러한 수발형태를 통한 백제의 기혼과 미혼의 구별은 그들의 윤리 관념을 나타내주고 수식문화가 발달했음을 단적으로 증명해주는 표상이라고 볼 수 있다. 백제의 수발형태는 (수서)나 (북서)의 기록에서도 변발(辨髮)의 풍속은 퉁구스족의 공통된 풍습으로서 삼국이 공통된 것이었다고 볼 수 있다.

고란사 절뒤 벽화

궁녀사 영정

쌍계사(쌍계)

3) 신라의 머리스타일

신라시대 머리 모양에 관한 문헌 기록은 거의 희박하나 신라 여인의 머리 모양을 보면 《북사》에 "기혼녀는 머리를 땋아 두상에 두르고 비단과 구슬로써 장식 하였다(婦人變髮繞頭 以雜綵及珠爲飾)."라고 기록되어 있고,《수서》에"부인이 머리를 땋아서 감아올리고 비단과 구슬로 장식하였는데 머리가 매우 길고 아름다웠다."라고 기록되이 있다. 그리므로 신라 여인들의 머리 모양은 미혼녀의 경우는 변발수후, 즉 땋아 늘이는 형태가 있었음을 알 수 있다.

가체가 유행했는데《삼국사기(三國史記)》의 기록에 의하면 신라 선덕여왕 때 당나라에 사신을 보내는 편에 가체를 예물로 가져가게 했다는 것과 경문왕 때 당나라에 가는 사신이 4자 5치 길이의 다래와 5자 3치의 다래를 가지고 갔다는 기록이 나온다. 신라 여인은 얹은머리와 쪽머리를 하고 있었다. 경문왕 9년의 기록을 보면 당시 가체(다리)가 신라 여인의 머릿결은 검고 윤이 나며 탐스러워 비싸게 수출된 수출품임을 알 수 있다.

Upstyle

2. 고려의 머리스타일

고려의 수발은 신라의 풍속을 그대로 이어왔으며 1264년(원종 5년)에 도읍을 개성으로 옮긴 이후부터 약 100년간 고려는 원(元:몽고)의 부마국이 되면서 지배를 받아 왕실은 원나라에 예속되고 원나라 공주와 결혼함으로써 겨우 맥을 이어갔다. 변발은 단군신화에 나타난 기록으로 보아 부족국가 시대에도 있었으나 보편화한 것은 이때부터이다. 따라서 부녀의 머리도 조선시대의 쪽처럼 땋아서 틀어 묶게 되었다고 본다.

머리모양은 쪽진머리와 비슷하나 쪽을 머리 위에 붙인 것이 아니라 머리다발 중간에 틀어 심홍색의 갑사로 만든 댕기로 묶은 것이 다르다. 또한 비녀를 꽂으나 오른쪽어깨 위에 닿을 정도로 늘어지게 쪽을 찌르고 나머지 머리다발 즉 머리꼬리는 아래로 늘어뜨리는 식의 머리 형태이며 부녀의 계양은 귀천 없이 동일했었다고 볼 수 있다.

고려시대 기혼여성들의 수발모습은 상대(上代)의 얹은머리와 비슷한 형태이나 귀밑머리를 실타래처럼 틀어 오른쪽 어깨에 드리움으로써 새로운 스타일을 시작했던 것 같다.

이와 같이 고려여성의 머리모양이 얹은 머리였다는 사실은 고려시대에 제작된 하회탈의 각시 상에서도 잘 보여주고 있다. 이를 보면 미혼녀의 경우는 미혼남자의 수발형태와 동일했고 다만 남자의 상투를 묶는 노끈 대신 붉은 비단으로 머리를 묶는 것이 다를 뿐이었다.

고려도경[귀녀도]에는 아직 "시집가지 않은 경우 열살 남짓한 여자였는데도 피발을 하지 않았다." 는 기록이 보이는 바 일부 귀족층에서는 어린아이의 머리를 틀어 올려 어른스럽게 보이게 하는 경우도 있었던 것으로 보인다. 그러나 이것은 극히 드문 경우이고 일반적으로는 머리를 붉은 비단으로 묶어준 후 그 나머지를 아래로 늘어뜨리는 것이 상례였다.

붉은 옷입고 춤추는 여인

반한추홍도

돈황

추월관음도

박익묘 여말선초

노국공주 영정

Upstyle

3. 조선시대 머리스타일

고려가 원(元)의 풍속을 따르기 이전까지 전시대인 시라의 수발형태를 그대로 따랐던 것처럼 조선조 역시 처음에는 고려의 풍속을 이어 받아 부녀의 대표적인 머리형태는 얹은머리 즉, 속명 「트레머리」라고 하여 쪽머리와 함께 조선시대 대표적인 수발형태이었을 뿐만 아니라 우리나라의 상고시대부터 전개되어온 전통적인 머리 형태였다. 얹은머리와 쪽머리의 머리모양은 고구려의 고분벽화에도 잘 나타나 있듯이 습속(習俗)이 뿌리 깊었음을 볼 수 있다. 얹은머리는 빗어 넘긴 머리를 뒤에서 두가닥 내고, 왼쪽가닥은 오른쪽으로 오른쪽은 왼쪽으로 교차시켜 그 끝을 앞머리로 고정시킨 것으로 보통 그 위에 흑색가르마를 얹기도 하였다. 얹은머리는 조선조 중기에 크게 유행하여 다래가 성행하였으며 이 다래를 사용하여 틀어 올려 머리를 더욱 크게 만들어 부(富)를 나타내기도 했는데, 당시 여자복식의 멋과 유행의 중심이었다. 또 다른 머리스타일은 종종머리, 바둑판머리. 땋은머리, 조짐머리, 새앙머리, 생머리, 첩지머리, 가체머리, 기녀머리, 둘레머리, 어여머리, 거두미, 대수머리가 있다.

1) 얹은머리와 가체 : 부녀자의 대표적인 머리

가체는 큰머리, 어여머리, 대수, 첩지. 조선시대 부녀자가 성장할 때 사용한다. 가체의 종류로는 큰머리, 어여머리, 조짐머리, 대수, 첩지머리, 얹은머리 등이 있다. 영, 정조 때 사치한 폐습을 걱정하여 금지령이 내려진바 있다.

가체머리

미인도(신윤복)

2) 첩지머리 : 왕실을 비롯한 내외명부에 속하는 여인들이 머리를 치장하는 첩지를 얹은머리. 가체에 속하나 아주 간단하게 만들어져 쉽게 사용을 할 수 있다.

순종장례식

첩지

3) 쪽진 머리와 비녀, 뒤꽂이 : 조선중기 이후부터 후기가지 결혼한 양반 부인의 일반적인 머리모양이다.

쪽진머리

4) 어여머리 : 이여머리는 그게 땋아 올린 예장용 머리이다.
궁중이나 반가에서 대례복을 착용할 때 하는 머리이다.
떨잠을 사용하여 장식을 하므로 호사스럽고 매우 아름답다.

명성황후

정경부인

5) 대수머리

대수는 궁중에서 왕비의 의식용으로 대례복 차림에 사용되었던 머리 모양이다. 대수는 가체로 꾸미고 있으며 그 모양이 과대하고 화려했다. "적의의 관은 구적관이어야 하는데 수식은 국속에 따라 마련하였다."라고 한 것으로 보아 적관을 구할 수 없으면 국속에 따른 수식으로 화관 같은 것을 사용하였던 것 같다. 대수의 양식은 앞에서 보면 머리 정상은 고계를 만들고 그 밑으로는 좌우 어깨까지 내려오면서 A자형으로 펼쳐진다. 뒤도 앞과 같으나 중간에 종으로 머리를 땋고 그 위에 비단댕기를 묶고 있는 것이 다르다.

영친왕비대수

6) 땋은머리

미혼 여성의 머리로 양쪽 귀가 위에 있는 머리카락을 땋아서 머리 뒤에서 모아 다시 나머지 뒷머리카락과 함께 굵게 닿아 내린 머리스타일이다.

댕기머리

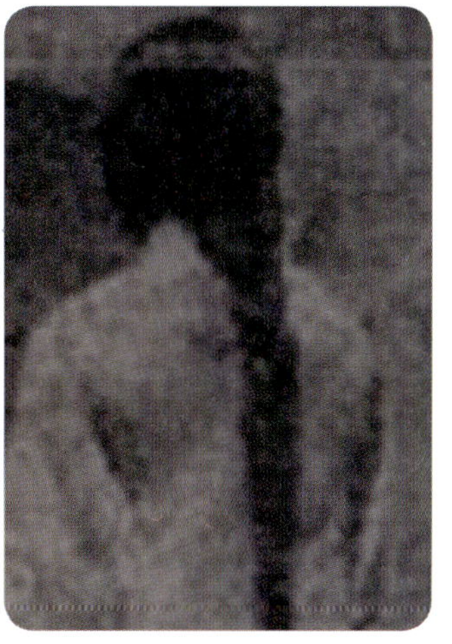

남자댕기

7) 새앙머리

궁궐 안에서 나이어린 아기 내인들이 하는 머리 형태이다. 머리카락을 두 갈래로 나누어 각각 밑으로 땋아 내린 후에 이 머리카락을 모아 뒷머리에 굵게 감아 올려 위아래 덩이가 지도록 머리타래의 가운데를 매어 댕기로 장식한 것을 말한다.

문과부인

Upstyle

4. 개화기

개화기를 맞이해서도 나라가 존속하고 있는 한에 있어서는 궁중양식은 그대로였다. 따라서 조선 후기에 예장에 필요했던 '어여머리', '큰머리'도 그대로 존속하고 있었다. 그러나 조선이 막을 내린 후로 궁중에 의식이 없어지자 '어여머리', '큰머리' 들은 점점 사라졌다. 일반여성에 있어서도 당분간은 조선 후기 여성들의 머리모양 그대로 처녀들은 댕기머리였고, 부녀자들은 기호를 중심으로 쪽진머리, 얹은머리였다.

1) 개화기의 머리형태

(1) 1910~1920년대

쟁머리는 귀밑머리를 풀고 머리를 치켜 올려 틀어 얹은 것이다. 둘레머리는 머리를 한 가닥으로 굵직하게 따서 터반 모양으로 두른 것이다. 트레머리는 옆가리마를 타서 갈라 빗어 머리 뒤에다 넓적하게 틀어 붙인 것이다. 첩지머리는 1926년경에 유행하던 것으로, 앞 가리마를 똑바로 타가지고 양쪽에 귀밑머리를 땋을 때 세 가닥으로 갈라서 앞의 두 가닥을 엮은 것 위에 같이 꼬아 넣은 것이다.

(2) 1930~1990년대

1930년 우리나라 최초 미용사 오엽주가 일본에서 미용공부를 하고 돌아와 화신백화점안에 미용실을 오픈하였다. 퍼머넌트는 1937년경부터 등장하여 젊은 여성들 사이에 유행하였다.

1940년대는 광복 후 주로 전기 퍼머넌트 웨이브를 하여 화력발전소에서 전기를 공급했다.

1950년대는 퍼머넌트 웨이브의 유행이 계속되고 콜드 퍼머넌트제가 사용되었다. 여성들은 아이론을 선호하였다.

1960년대 이·미용사법은 1961년 12월 5일에 공표 되었다.

1970년대 여성의 사회참여로 자연스러우며 간결한 헤어스타일이 유행하기 시작하였다. 심플하고 발랄한 이미지를 담을 수 있는 업스타일 디자인이 다양하게 응용되어 젊은 층에게 많이 활용되어 지고 있는 추세이다.

1980년대는 다양한 커트, 퍼머넌트디자인, 헤어컬러의 등장으로 미용산업과 디자인의 성장이 활발하게 이루어진 시기였다.

1990년대 다양한 헤어컬러유행, 미용시장의 프랜차이즈화, 미용대학이 신설되었다.

(3) 2000년 이후

업스타일은 예전의 스타일과 다르게 중간형태의 디자인, 균형 등 세미 업스타일이 유행하기 시작하였다.

주로 업스타일은 명절, 결혼식 등 행사시에 하는데 젊은 층에서 세미 업스타일을 선호 하였다.

chapter 03

업스타일 도구

practical up-style

Upstyle

1. 빗의 종류

1) 꼬리빗

업스타일을 하기 위한 꼬리빗은 파팅, 섹션을 나뉘거나 정확히 모근 (뿌리)까지 빗을 수 있어야 하고. 꼬리빗 자체의 견고함이 있는 것이 좋다. 혹 꼬리빗 자체가 탄력이 좋고 부드러우면 그 탄력으로 인하여 빗 자체가 잘 휘어지기 때문에 정확한 백콤을 넣지 못할 수 있다.

꼬리빗을 고르는 방법은 먼저 빗살 밑동부분(빗살뿌리)의 잘린 각도가 직각으로 절단된 것이고 표면이 매끄럽고 꼬리의 길이와, 테일 끝의 두께에서 전체 굵기의 밸런스, 표면 감촉과 강도면까지 적당해야 한다.

2) 정리용 브러시

정리용브러시는 빗질 후 표면을 정리할 때 사용하는 브러시로 표면의 실루엣과 광택을 효과적으로 표현 할 수 있어서 좋다. 브러시 선택은 표면이 가지런하고 모의 길이가 일정한 것이 좋다.

3) 브러싱 브러시

브러싱브러시는 주로 브러싱을 주 목적으로 사용하는 브러시로써 두피표면까지 깨끗이 빗질이 가능하다는 장점이 있다. 브러시를 선택할 때는 다른 브러시와 마찬가지로 빗의 발의 표면이 가지런한 것이 좋다. 그리고 가능하면 빗 자체가 S자 곡선으로 되어져 있는 것이 사용하는데 있어 더욱 유익하다.

4) 쿠션 브러시

쿠션브러시 빗 체가 부풀어 오른 쿠션부분이 있는 브러시 브러싱할 때 두피에 닿을 때는 부드러워서 자극이 적으며 셋트 웨이브 스타일이나 올림머리를 하기 전, 셋트를 말기 전, 말고 난 후의 모발 정리 시 쿠션브러시를 사용하면 편리하다. 브러시 선택 시는 긴 빗살을 중심으로 짧은 빗살이 둘러져 있는 브러시가 좋다.

꼬리빗

정리용 브러시

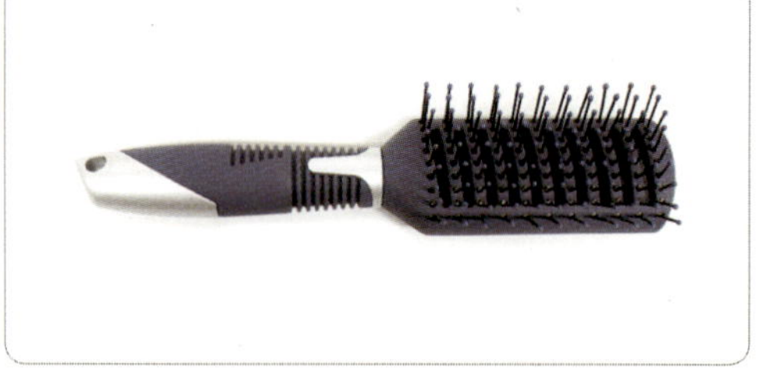

브러싱 브러시

쿠션 브러시

2. 핀의 종류와 특징

핀은 업스타일을 디자인하는데 있어 중요한 도구이다. 핀의 선택과 사용방법에 따라 표현하고자하는 디자인 스타일은 물론, 시간적, 경제적인 면에서 절약할 수 있다. 핀의 종류에 따른 명칭과 그 역할을 이해하여 스타일을 표현한다.

1) 대핀

고정력이 가장 좋은 핀으로서 많은 양의 모발을 고정하고자 할 때 사용한다. 그러나 너무 많은 모발이나 너무 적은양의 모발은 오히려 고정력이 떨어질 수 있다.

2) 실핀

업스타일 시 가장 많이 사용하는 핀으로 면을 고정시킬 때 사용한다.

3) 스몰핀

굵기가 가늘고 길이가 짧아 고정력이 약하다. 소량의 모발을 고정시킬 때, 힘이 없는 모발을 고정, 면의 섬세한 부분 처리 시 사용한다.

4) 보비핀

피부에 닿은 촉감을 부드럽게 하여 디자인 연출시 고정할 때 사용한다. 실핀보다는 고정력이 약하다.

5) U자핀 대(네지핀)

모발 다발을 묶거나 하여 토대를 고정 시킬 때, 많은 양의 모발을 감추고자 할 때, 임시로 형태를 고정시키고자할 때 등, 다양하게 쓰여 진다.

6) U자핀 중

U자핀 대 보다 작으며 긴 머리나 짧은 머리에 상관없이 주로 적은 양의 모발에 사용

하는 핀으로 뱅, 로프, 컬 등의 고정에 사용한다.

7) U자핀 소(오니핀)

업스타일 디자인 마무리 시 면이 갈라지고나, 스타일에 있어 컬의 고정 등에 사용한다. 눈에 잘 띄지 않는 장점이 있다. 그리고 사용할 때는 핀 자체를 그대로 사용하여도 무관하지만, 가능하면 갈고리 형으로 끝 부분을 휘어 마무리 작업 시 빠지지 않도록 사용하는 것이 더욱 효과적이다. 즉 보이기 쉬운 부분이나 임시로 고정한 핀을 대체하여 사용한다.

8) 싱글핀, 더블핀

싱글핀과 더블핀은 주로 표면을 고정할 때 쓰이는 핀으로 잔머리 부분을 가볍게 눌러주거나 형태를 임시로 고정할 때도 사용하는 핀이다. 고정시킨 부위에 자국이 생기는 경우가 발생하기 때문 사용 시 주의가 필요하다.

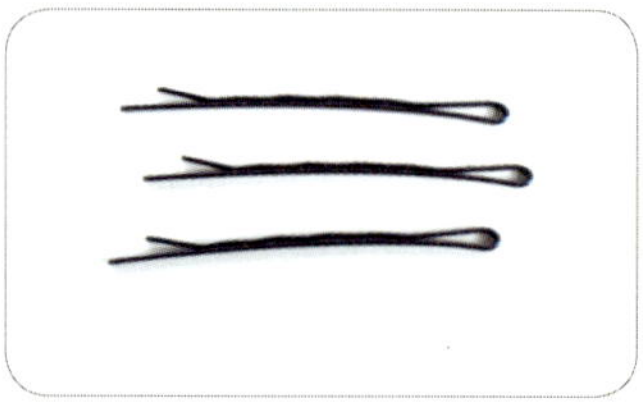

대핀

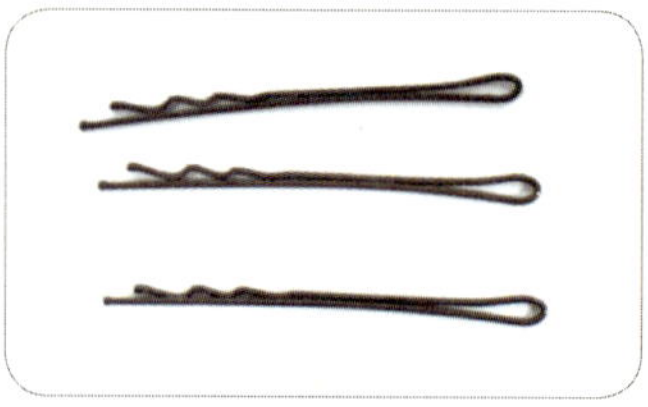

스몰핀

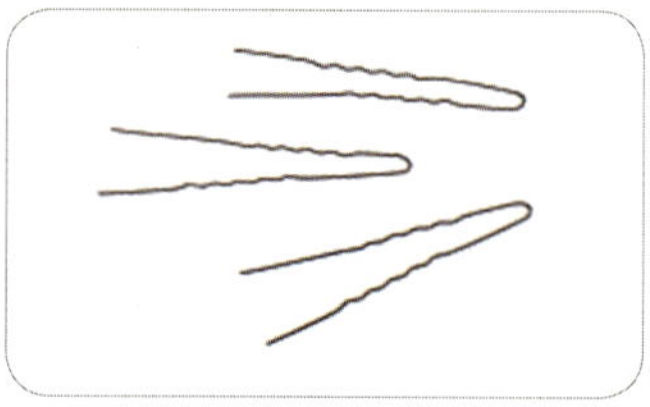

U자 소

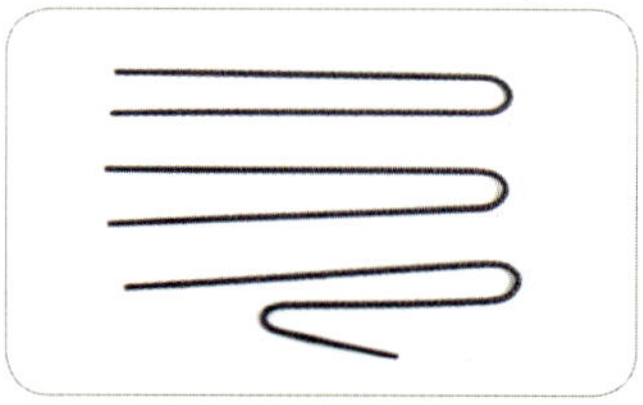

U자 대

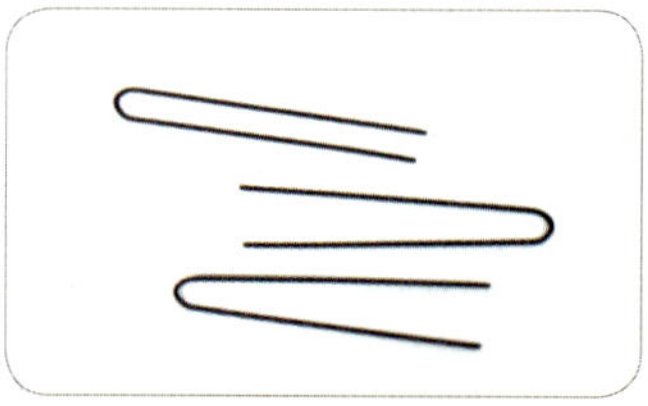

U자 중

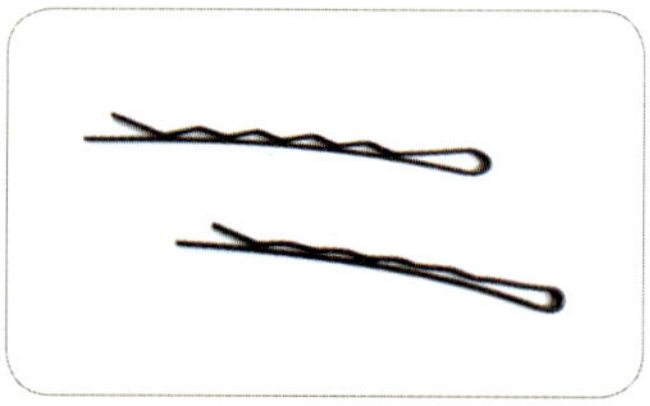

보비핀

실핀

3. 핀셋의 종류와 특징

1) 핀컬핀

업스타일 시술 중에 마무리용 핀셋은 넓은 면, 판넬, 웨이브를 고정하고자 할 때 혹은 형태의 흐름을 잡을 때 쓰인다. 더블핀 보다 많은 양의 모발을 고정할 수 있어 좋다. 그러나 플랫핀의 형이 U자형을 하고 있기 때문에 자국에 주의해야 한다.

2) 일반 핀셋

블로킹용 핀셋은 일반적으로 많이 사용하는 핀으로 마무리용 핀셋의 역할을 대신 하기도 한다. 고정력이 강하므로 모발을 쉽게 깨끗이 고정할 수 있다.

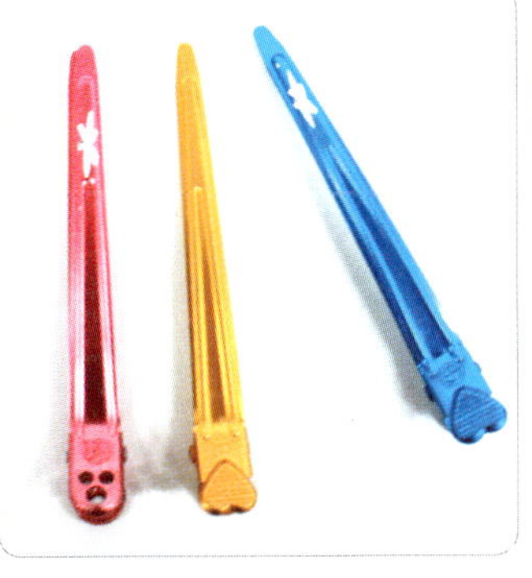

4. 스타일링제

헤어스타일링제는 업스타일 작업 시 디자인을 원하는 스타일로 고정시키는데 사용하거나, 광택, 기타 스타일을 연출할 때 사용한다.

1) 스프레이(무색)

스프레이는 디자인을 고정시키는 역할을 한다. 두상 가까이서 너무 많이 사용하면 디자인 표면이 갈라지거나 뭉치게 되는 경우가 있다. 사용 시에는 어느 정도의 거리를 두고 적당한 량을 뿌려야 한다.

2) 왁스

최근에 가장 많이 사용되어지는 헤어스타일링제로 디자인하고자 하는 부분에 골고루 발라 자유자제로 디자인 할 수 있으며 자연스러운 헤어스타일의 컬의 표현이나 질감을 표현하고자 할 때 다양한 스타일을 할 수 있다. 잔머리를 깨끗이 처리하고자 할 때에 사용이 가능하다.

3) 에센스

트리트먼트제로 셋팅 전이나 브러싱 전에 모발에 골고루 도포한다. 셋팅에 의한 손상을 막아주고 모발에 윤기를 한층 더 유지시켜 주며, 모발에 일어나는 정전기로부터 방지효과도 있으며 모발의 촉감이 부드럽고, 자연스러운 스타일링을 만들어 준다.

4) 광택제

모발손상으로 인해 전체적인 모발의 질감이 탁해 보이거나 손상이 심한 모발 결에 광택제를 도포한다. 모발이 윤기 나는 효과가 있다.

5) 기타 컬러스프레이

무색스프레이와 다르게 컬러 성분이 함유되어 있어 화려하고 검은 헤어스타일일 경우 개성 있는 컬러 디자인 연출이 가능하다.

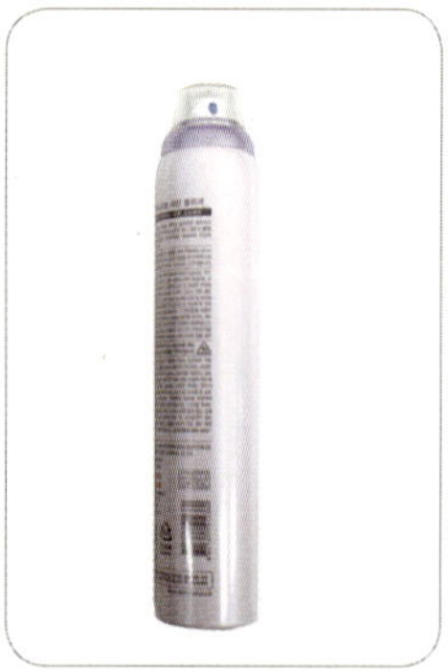

광택제

스프레이

무스

왁스

Upstyle

5. 기타 도구

1) 끈/고무줄

끈, 고무줄은 토대를 만들거나, 전체 모발을 하나로 묶고자 할 때 주로 쓰이는 도구 이다. 두피에 부담이 가기 때문에 밴드고무줄은 사용하지 않는 것이 좋다.

2) 곡선 빗

곡선 빗은 프런트 부위나 사이드 부위의 볼륨 등을 조절하거나 면을 임시적으로 고정할 때 주로 사용하는 도구이다. 곡선 빗은 모발의 흐름에 맡게 균일하게 고정시켜 사용하면 디자인하기가 쉬운 장점이 있다.

3) 싱

업스타일에서 싱은 단순히 볼륨을 내기 위해서 사용하는 것뿐만이 아니라 토대는 물론 디자인 하고자 하는 실루엣을 만들고자 할 때 사용하며 두상의 골격 난점을 보완하고 스타일을 입체적으로 보현하기 위해 사용한다. 싱 선택 시 고정력이 떨어져 토대로써의 역할을 제대로 하지 못하기 때문에 너무 부드럽지 않은 싱을 선택하는 것이 좋다. 모발의 컬러에 맞게 선택하여 사용한다.

4) 전기 세팅기

전기 세팅기는 업스타일을 디자인전에 연출하고자 하는 디자인을 위해 쉽게 컬, 루프 등을 연출하기 위해 모발을 세팅기로 와인딩 하여 굵음 웨이브를 만드는 기기이다. 롤의 크기는 특대/대/중/소 4종류로 구분되어 있고 롤의 굵기에 따라서 컬의 웨이브가 틀리며, 셋팅하는 방법에 따라서 컬의 느낌에 큰 차이가 있으므로 셋팅 롤에 따른 웨이브 흐름 굵기 등을 알아야 한다.

5) 망

망은 잔머리가 많거나 모량이 많아 핀으로 고정하기 어려고 무게가 있는 모발 다발을 감싸거나, 스프레이 처리만으로도 디자인을 하기 어려울 때 망을 사용하여 형태를 고정한다. 멋내기용은 업스타일 과정에서 마지막 단계에서 사용한다. 디자인의 크기나 형태 질감 등 웨이브 처리를 망으로도 표현이 가능하다.

6) 아이론

아이론은 셋팅과 같은 효과 컬을 형성하는 사용한다. 셋팅기와 조금은 다르게 아이론의 종류, 크기, 온도, 시간에 따라서 웨이브의 느낌이 다르다. 아이론의 장점은 셋팅보다 시간적인 면을 단축할 수 있다. 사용 시 모발이 마른 상태에서 아이론 작업에 들어가는 것이 좋다. 그렇지 않으면 모발손상을 더 야기 할 수 있다.

고무줄

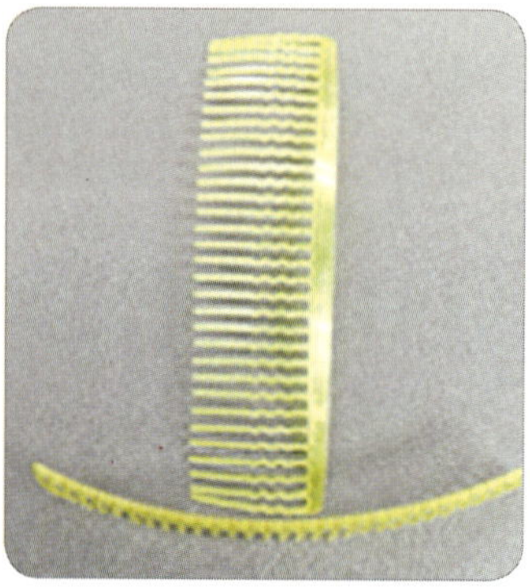

곡선 빗

싱

전기세팅기

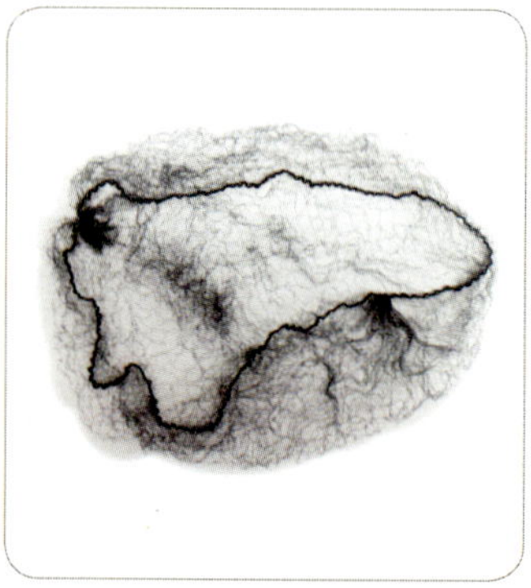

망

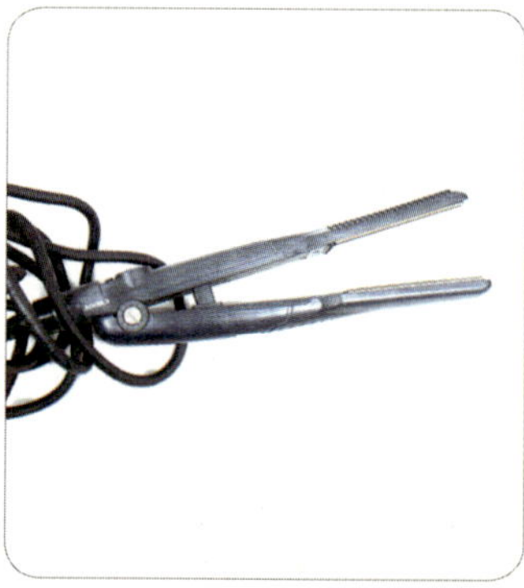

아이론

chapter 04

업스타일 디자인 기법

practical up-style

Upstyle

1. 땋기(Braid)

모발의 가닥을 3가닥 이상으로 교차하거나 엮는 것을 말한다. 종류로는 3,5,7 가닥 땋기, 기타 땋기 응용 스타일이 있다.

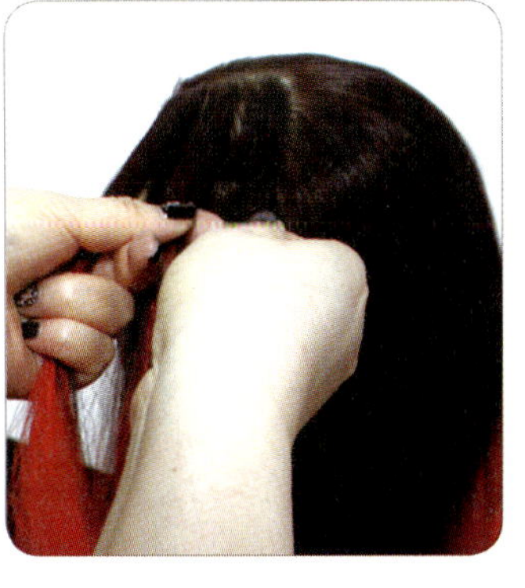

완성작품

① 땋기 할 섹션을 잡는다.

② 전체 3등분한다.

③ 좌·우 위로 45°, 좌·우 아래로 45° 잡는다.

④ 양쪽 맨 끝 가닥 위로 45° 유지해서 집어 땋기 한다.
6~7번째 가닥집어 올릴 때 각도변화 시킨다.

⑤ 가운데 두 가닥 아래로 45° 집어 땋기 한다.

⑥ 전체 모양 보면서 양쪽 끝 핀 교정한다.

전체 모양 보면서 가운데 두 가닥 핀 교정한다.

Upstyle

2. 꼬기(Twist)

꼬기는 판넬을 한쪽 방향으로 계속 꼬아서 끈 같은 모양을 만드는 것이다.

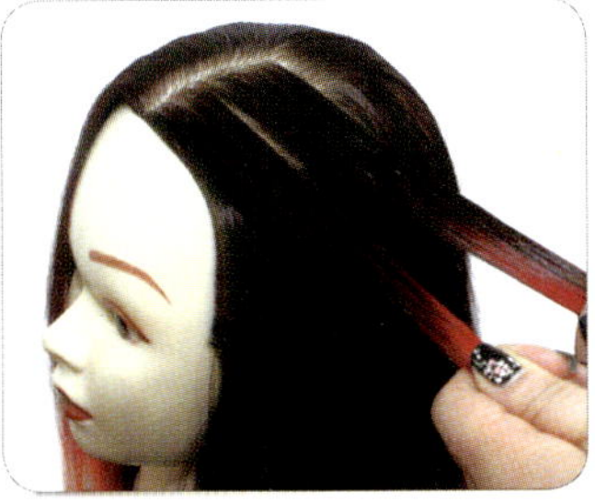
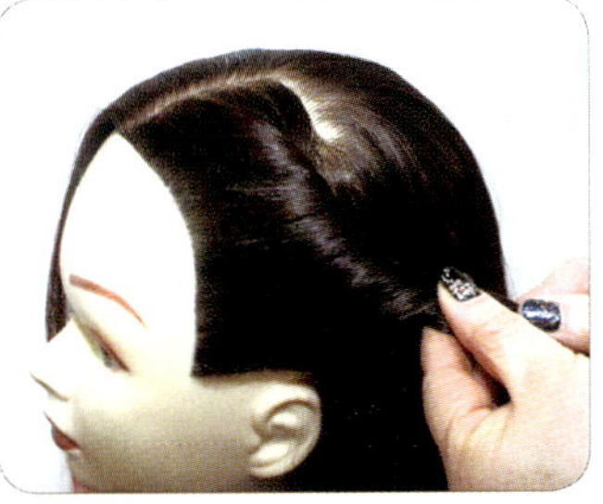

완성작품

① 블로킹 face 라인둘레 4cm 잡는다.

② 두가닥으로 나뉜다.

③ 두가닥을 한가닥으로 꼬기를 시작한다.

④ 양 방향을 동일한 방향으로 꼬기를 한다.

⑤ 네이프 부분에서 양 꼬기 가닥을 잡는다.

⑥ 다시 꼬아서 디자인을 헌다.

Upstyle

3. 매듭(Knot)

매듭은 하나 이상의 가닥을 사슬처럼 묶어주는 기법이다. 종류로는 한줄 매듭, 두줄 매듭, 매듭 응용 스타일 등이 있다.

완성작품

① 매듭 할 만큼의 섹션을 잡는다.

② 매듭을 만든다.

③ 양쪽과 두정부 부분을 매듭을 만든다.

④ 네이프 부부에 매듭이 만들어진 세가닥을 잡는다.

⑤ 묶음에서 매듭으로 처리하여 완성 한다.

Upstyle

4. 고리(Loop)

고리는 머리 가닥을 둥근 모양으로 접거나 구부리거나 둥글게 하여 곡선 모양으로 만들어 두상의 어느 위치에 고정시키는 기법이다.

종류로는 외고리. 납작고리, 한겹고리, 겹고리 등이 있다.

완성작품

① 고리를 만들 만큼 섹션을 뜬다.

② 모선부분부터 둥글게 고리를 만든다.

③ 반대편 동일하게 시술을 한다.

④ 가운데 가닥은 세 개의 고리 완성한다.

Upstyle

5. 겹치기(Overlap)

두 개의 모발 가닥을 서로 반대 방향으로 교차해서 겹치게 하는 기법이다. 종류는 위로 겹치기, 아래 겹치기가 있다. 겹치기 시 표면을 매끄럽게 한다.

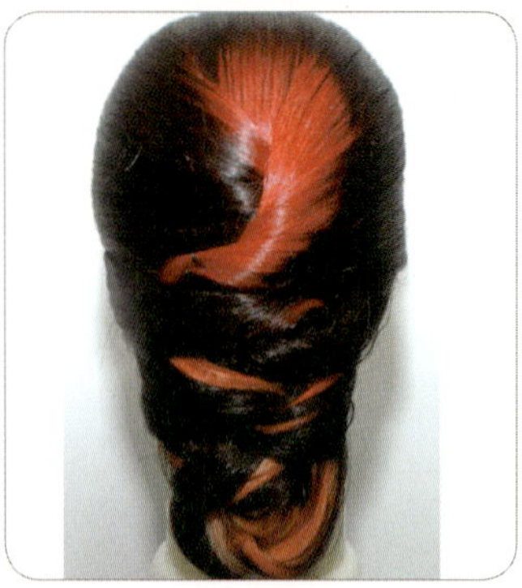

완성작품

① 탑부분에서 2가닥으로 나누어서 모로 겹친다.

② 같은 모량을 양 사이드에서 가져와 겹친다.

③ 탑부위에서 90로 수평 유지한다.

④ 다음 시술도 동일하게 하여 끝까지 겹친 후 고무줄로 꼬리빗을 이용해 마무리 한다.

⑤ 끝부분은 자연스런 두피쪽으로 말아서 마무리 한다.

Upstyle

6. 말기(Roll)

모발 판넬을 볼륨감을 주기 위해 둥글게 말아가는 기법이다. 예를 들어 소라형, 수직롤, 수평롤, 외곽말기 등이 있다.

완성작품

① 백 부분에서 전체적으로 볼륨감 형성하여 사이드 섹션을 제외한 백 센터에서 라운드로 핀교정 한다. (핀 꽂는 위치는 윤곽 롤의 위치결정)

② 왼쪽 사이드부터 검지와 중지를 이용하여 롤 만들어 고정한다.

③ 네이프로 진행될수록 롤 점차 커지도록 한다.

④ 반대 방향으로 진행한다.

⑤ 전체적으로 말기 형이 되도록 마무리 한다.

Upstyle

7. 백콤 넣기

두상에 모량이 작거나 두상의 어느 위치에 볼륨, 강조를 줄 때 시술하는 기법이다.

시술과정

① 탑부분에 볼륨을 줄 위치에 섹션을 뜬다.

② 섹션을 두피 90°로 들고 두피쪽에서부터 빗을 이용하여 백콤을 넣는다.

③ 중간부위 백콤을 넣는다.

④ 모선으로 갈수록 백콤을 계속 진행한다.

⑤ 끝까지 백콤을 하여 마무리한다.

chapter 05

업스타일 기초 테크닉

practical up-style

Upstyle 1. 브러싱 하는 법

업스타일에 있어서 브러싱은 시술에 들어가기 전의 첫 단계의 작업으로 '모발정리단계'라고 할 수 있다. 브러싱 작업은 업스타일뿐만 아니라 모든 시술에 들어가기 전 첫 단계 작업이다. 브러싱을 통해 모발의 결을 정리 정돈한다. 이러한 브러싱을 통해 후에 이루어질 시술을 편리하게 할 수 있고 매끈한 스타일 면을 표현할 수 있다. 잘못된 브러싱은 모발의 엉킴을 가져오고 시술에 바로 접했을 때는 시술에 사용되는 도구에 모발이 걸리거나 시술을 하는데 있어서 불편함이 생겨 시술하는데 어려움을 준다. 브러싱의 시작은 모발 끝에서부터 시작하여 중간부위, 모근의 순으로 브러싱한다.

1) 전체적으로 모발을 브러싱한다.

2) 모발이 엉켜 있는 경우 그 부위는 모발을 소량 잡고 엉켜 있는 부분 모발을 먼저 정리 한다.

3) 한쪽 손은 모발을 잡고 센터 포인트에서 네이프 방향으로 브러싱한다.

4) 모발을 한 손으로 잡아 네이프 부분에 두어 전체적으로 브러싱한다.

5) 모발을 정리해 둔다.

가지런히 빗질

Upstyle

2. 매직기와 아이론으로 웨이브 하는 법

매직기로 웨이브를 연출하는 것은 디자인에 따라, 모발의 길에 따라 웨이브 방법은 여러 가지다. 물론 디자이너의 테크닉에 따라 웨이브를 하는 방법은 다를 수 있다. 기본적인 웨이브 방법과 웨이브에 의한 컬의 흐름을 이해하고 웨이브시술을 해야 한다. 웨이브 시 롤의 굵기, 모발의 양, 스템의 각도, 스템의 방향은 물론, 텐션과 타임까지 고려하고 텐션부족으로 인한 컬의 쳐짐과 모발 끝의 꺾임 등 주의하며 웨이브 시술 한다.

1) 양사이드 부분 웨이브할 양만큼 모발을 잡는다.

2) 예열된 매직기를 이용하여 모발 중간부분부터 한바퀴 와인딩한다.

3) 천천히 모선 방향으로 내려온다.

4) 계속 양사이드에서 백부분으로 진행하면서 웨이브를 만든다.

매직기 모발 감기

완성된 웨이브

반대편 매직기 웨이브 시술

매직기 웨이브 시술

아이론 모발 감기

아이론 웨이브 시술

아이롱 웨이브 시술

3. 백코밍하기

업스타일에 있어서 백코밍은 자연스러운 볼륨을 표현하고자 할 때 컬의 흐름, 방향을 잡고자 할 때. 토대를 만들 때 두발에 부풀임, 면의 연결 등. 형을 만들어 가는 단계에서는 중요한 테크닉 기술에 해당된다.

디자인을 하는 데 있어 각도에 따른 볼륨의 감각, 모발상태에 따른 강도 감각, 섹션과 방향, 텐션에 따른 감각, 모발의 양, 길이의 따른 볼륨 감각 등, 백코밍에 대한 기초를 연습해야 한다.

4. 싱 넣기

업스타일에 있어서 싱은 보통 볼륨을 형성하여 볼륨감, 실루엣을 표현하고자 할 때 중요한 역할을 한다. 토대를 만들거나 볼륨의 밸런스를 조절하고 베이스가 되는 부분에 볼륨을 보강 할 때, 즉 모발 량이 적거나 볼륨을 요구하는 디자인에 있어 형태를 보충하고자 할 때에 사용된다고 할 수 있다. 그리고 모발의 양이 적은 경우에도 싱을 이용하면 볼륨을 표현하는데 효과적이다.

그러나 싱을 사용할 때에는 디자인에 따라서 싱의 형태를 만들어 사용하는 것이 좋다. 싱의 형태에 따라서 표현하고자 하는 실루엣이 틀려지기 때문에 가능하면 토대에 맞는 형태로 만들어 사용 하는 것이 좋다. 작품에서 싱을 사용하는 동영상을 볼 수 있다.

Upstyle

5. 고무줄 묶는 방법

업스타일에서 고무줄로 묶는 작업은 토대를 만들고자 할 때, 모발의 량 조절하고 핀의 고정력을 더해 주기 위해서 많이 사용된다.

1) 묶고자하는 위치에서 매끈하고 균일하게 빗질 한다.
2) 모발을 잡을 때에는 엄지와 검지가 두피 쪽을 향하게 감는다.
3) 고무 끝을 엄지와 검지로 잡는다.
4) 다른 한 손으로 3~4바퀴를 시계방향으로 돌린다.
   * 디자이너에 따라 다른 방법으로 묶을 수 있다.
5) 묶을 때에는 고무 끝이 풀리지 않게 엄지와 검지로 누르듯이 잡고 한손으로 매듭을 잡는다.
6) 매듭은 2바퀴 이상을 돌려 묶는다.
7) 묶은 뒤에는 느슨함을 없애기 위해 모발을 반을 잡고 당겨준다.

묶을 위치 잡기

고무줄 감기

고무줄 2~3 바퀴 감기

고무줄 묶기

고무줄 묶기

단단히 고정

Upstyle
6. 핀 꼽기 종류

1) 가로 직선형

가장 기본적으로 쓰이는 방법으로 평면을 고정시킬 때 한쪽 방향으로 고정하는 것으로 토대를 만드는데 유용하게 쓰인다. 왼손은 고정될 모발이 흐트러지지 않게 눌러주고 오른손은 핀과 핀이 1cm정도 겹치도록 두피에 밀착시키듯이 핀을 꼽는다.

가로 직선 꼽기

2) 세로 직선형

가로 직선형과 꽂는 방법은 같다. 단 아래 쪽에서 위쪽으로 핀을 꼽고 경우에 따라서는 마지막 핀은 반대 방향으로 꽂아 고정력을 보강 하여도 된다.

3) 라운드 형

가로 직선형을 응용한 방법으로 토대를 만들 때 원형으로 핀을 꼽는 방법이다.

4) 크로스형(W 형)

크로스형은 가로 세로 직선형에 비해 많이 쓰이지 않는 방법이지만 고정력은 강하다. 즉 2개의 핀이 교차하여 꽂기 때문에 고정력이 강하다고 볼 수 있다.
핀을 45°로 아래쪽 두번째 핀은 핀과 핀을 교차하듯이 겹치도록 꽂는다.

크로스 꼽기

5) 감춰 꽂기

감춰 꽂기는 핀이 보이지 않게 머리카락 속을 상하로 움직이면서 고정하는 방법이다.

감춰 꼽기

6) 겹쳐 꽂기

시뇽스타일을 디자인 할 때 자주 쓰이는 방법으로, 볼륨감을 자유자재로 표현할 수 있다.

볼륨감 위치 확인

양 옆 핀 꼽기

꼽은 후

반대편 시술 전

양쪽 완성

Upstyle

7. 토대 만들기

토대는 두상내의 어느 위치에 디자인을 위해 모발을 묶거나, 비틀어서 고정시키는 것을 말한다. 업스타일에서 토대의 역할은 토대를 어떠한 목적으로 이용하는가에 따라 토대가 달라진다. 핀을 보다 더 편리하게 고정하기 위한 목적, 그리고 디자인 하는데 있어 모발의 양이 너무 많아 불필요한 모발의 양을 줄이기 위한 목적, 그와 반대로 모발의 양이 적은 경우 모발의 여유를 필요로 할 때 싱을 이용하여 전체적인 균형을 잡기 위한 목적, 그리고 두상의 형을 보강하거나 후두부위, 탑 부위 등 볼륨감을 포인트로 표현하고자 할 때 등, 토대의 의미는 다양하다.

1) 땋아서 토대 만들기

모발의 양이 많아 모량을 줄이고자 할 때 응용되며, 경우에 따라서는 후두부에 볼륨을 필요로 할 경우에는 싱으로 볼륨을 보강하여도 좋다.

블로킹 한 상태에서 3가닥으로 나눠 땋아 풀리지 않게 묶어 준다. 토대를 중심으로 해서 바깥쪽으로 돌려 둥근형이 나오도록 형을 만든다.

그 다음 핀으로써 전체적으로 고정시켜 준다. 만약 토대가 단단히 고정되어 있지 않으면 형이 흐트러지는 경우가 생기기 때문이다.

토대 위치 정하기

세 가닥 잡기

땋기 시작

땋기 끝

감아서 토대 만들기

토대 고정

2) 백코밍을 이용하여 토대 만들기

후두부의 모발을 이용하여 토대를 만드는 방법으로 실루엣을 살리고자 할 때 응용한다. 토대 부위의 전체를 왼손은 모발에 텐션을 주고 오른손은 두피 쪽을 향하여 백코밍한다. 모발 끝에서부터 말면서 토대의 형을 만들어 핀으로 고정시킨다.

백콤 시술 중

빗질 후

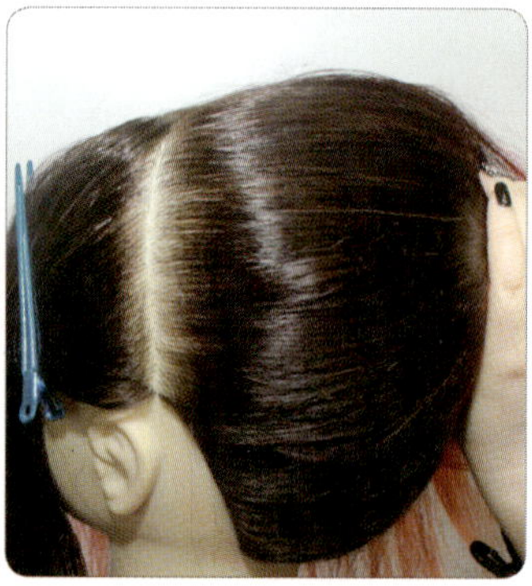

볼륨감 형성

토태 위해 꼬기

토태 위치 잡기

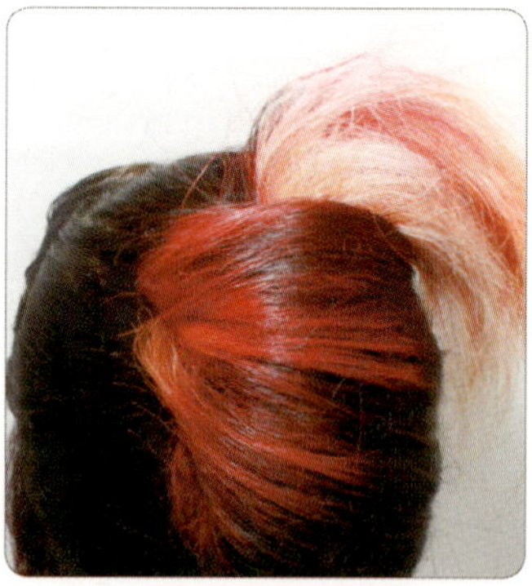

토대 완성

Upstyle

8. 포인트 위치에 따른 이미지 느낌

1) 토대에 의한 포인트가 상위일 때

토대 위치가 골덴포인트(G.P) 위쪽에 위치 할 때 어린느낌, 발랄, 명랑한 느낌을 줄 수 있고, 키가 작은 사람은 키가 더 커 보이는 효과를 줄 수가 있다. 이미지 포인트는 이어포인트(E.P) ~ 탑포인트(T.P)에서 형성된다.

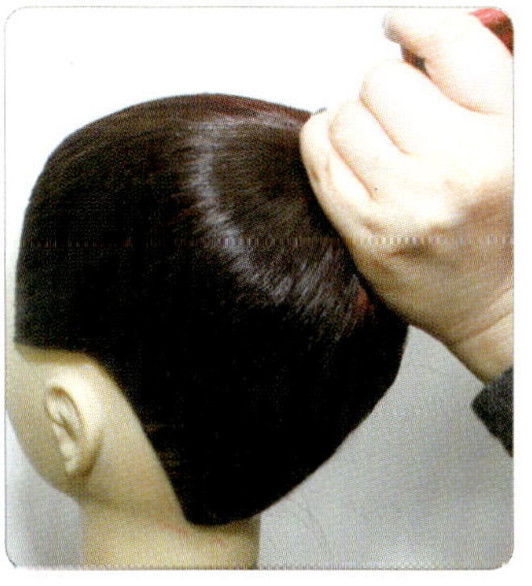

포인트 상위

2) 토대에 의한 포인트가 하위일 때

토대가 백포인트(B.P) 주변 일 때는 조숙하고 성숙한 느낌을 주며 안정감을 준다. 또한 짧은 머리일 때 한복에 어울리는 업스타일, 에스닉이미지 업스타일 표현 시 꼬기, 매듭, 땋기 등의 기법을 사용하여 업스타일 시술을 할 수 있다. 이미지 포인트는 골덴포인트(G.P) 아래쪽에서 형성된다.

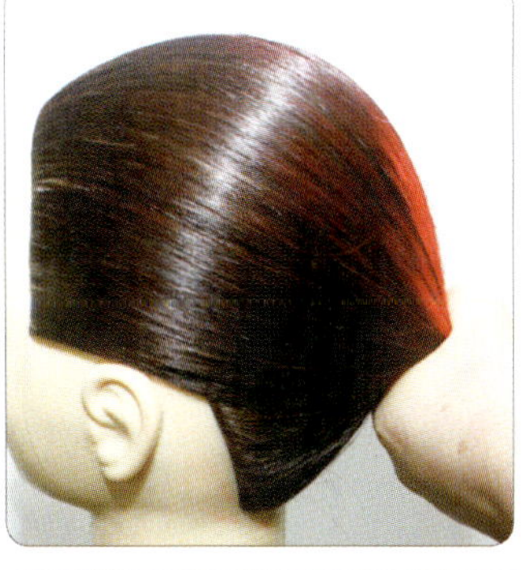

포인트 하위

chapter 06

감성 업스타일

practical up-style

Upstyle

엘레강스 이미지 업스타일

1. 엘레강스란?

엘레강스(Elegance)란 사전적 의미로 "우아하다"는 뜻으로 그 중에서도 고급스럽게 우아하며, 약간 오만하다는 분위기를 풍긴다는 의미이다. 또한 우아함, 고상함, 단정함 등 품위 있는 이미지를 지향한다.

우아하고 고상하며 단정한 품위 있는 이미지와 웨이브가 굵고 리지가 단정한 스타일이다.

부드러운 웨이브가 강조된 헤어스타일이나 가볍게 묶은 스타일 여성스러운 액세서리와 우아하게 올린 업스타일로 기품이 있고 고급스러운 여성의 이미지를 말한다.

2. 사용도구

업스타일 시술 도구

엘레강스 이미지 업스타일 시술 1

1. 작품해석

1) 느낌 설명 : 우아함을 강조하면서 상위에 토대를 만들어 이미지를 연출하였다. 우아함을 표현하기 위해 면을 이용한 포인트를 만든다.

2) 시술기법 : 로프의 면을 매끈하게 강조하여 단아한 느낌과 양감을 고려하여 포인트의 크기를 조절한다.

3) 시술 팁 : 토대를 만들 때 탑 쪽 가까이 형성하지 않는다, 안정감이 떨어지면 발랄함이 강조 되기 때문에 품위가 떨어질 수 있다.

4) 응용스타일 : 로프의 면과 양감을 적절히 조절하여 우아함과 단정함을 표현 할 수 있다.

2. 시술순서

1) 파팅

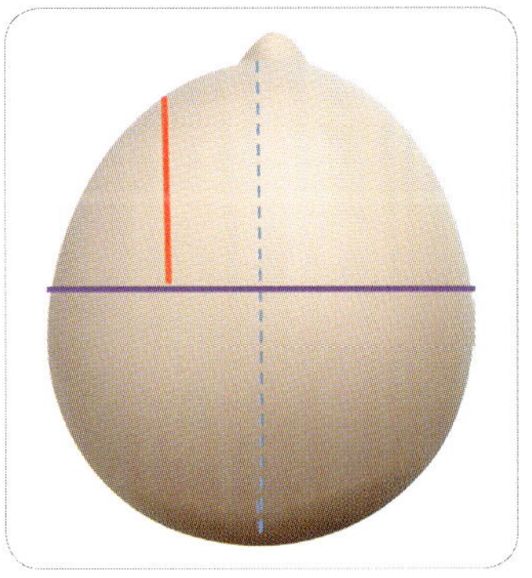

1 옆가르마 한다.

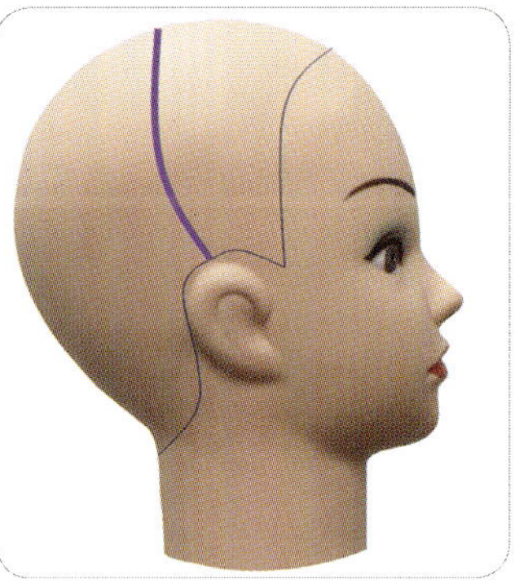

2 파팅은 이어투이어파팅(E.P~E.P)을 한다.

2) 시술과정 사진과 내용

1 시술 전

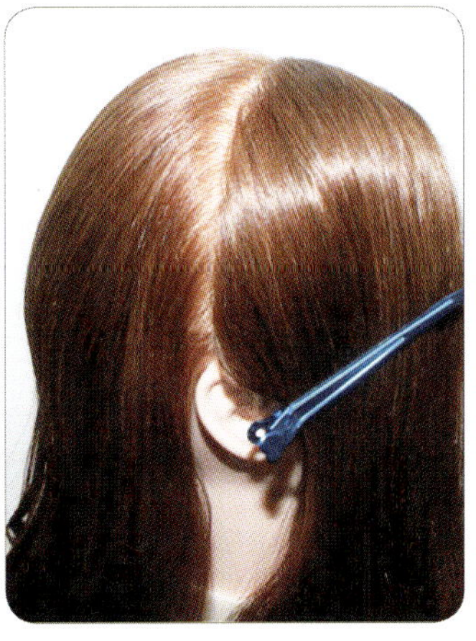

2 이어투 이어 파팅

3 백부분 1/3 지점 꼬아서 고정

4 반대편 동일 시술

5 계속 지그재그 엇갈리게 시술

6 네이프 부분 모발 시술

7 네이프 반대 섹션 시술

8 모선 부분 마무리

9 모선 부분 모양 만들기

10 나머지 부분 정리 하여 잡음

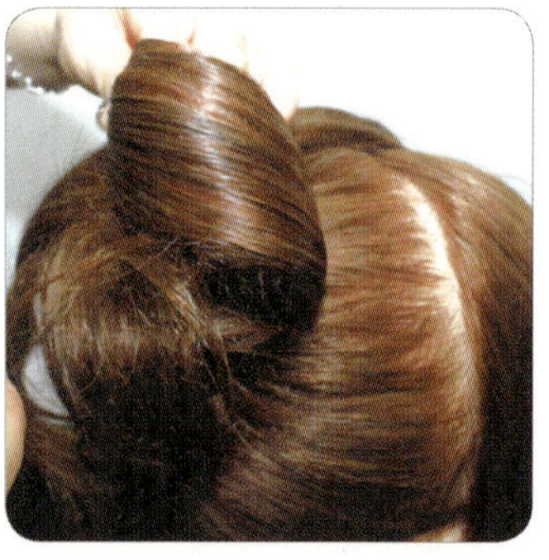

11 루프 만들어 시술

12 시술 중 모습

13 시술 중 모습

14 왼쪽 옆모습

15 왼쪽 옆모발 시술

16 모선 부분 뱅 처리

17 오른쪽 옆모습

18 모선 뱅 처리

19 나지막 섹션 시술

20 시술 고정

21 앞미리로 완성

22 완성된 옆모습

23 완성된 뒷모습

24 완성된 옆모습

엘레강스 이미지 업스타일 1

엘레강스 이미지 업스타일 시술 2

1. 작품해석

1) 느낌 설명 : 모발의 모발을 최대한 이용하여 간단하고 빠른 시술이 가능하다.

2) 시술기법 : 큰 로프의 토대로 고리를 적절히 시술하여 우아함과 귀여움을 동시에 연출한다.

3) 시술 팁 : 탑포인트(T.P)에 고리를 연출하여 둥근 얼굴형을 보완 할 수 있다.

2. 시술순서

1) 파팅

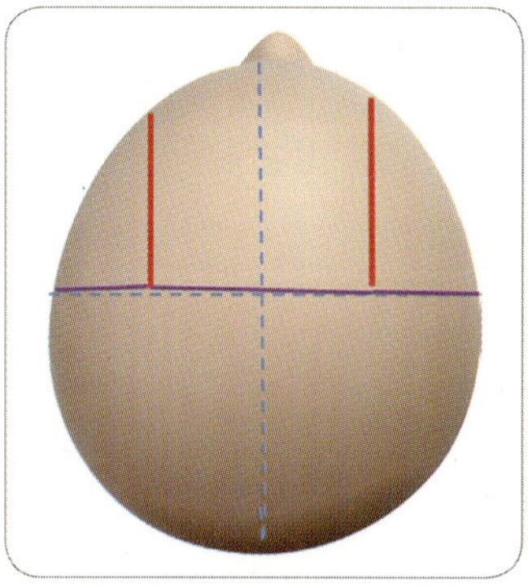

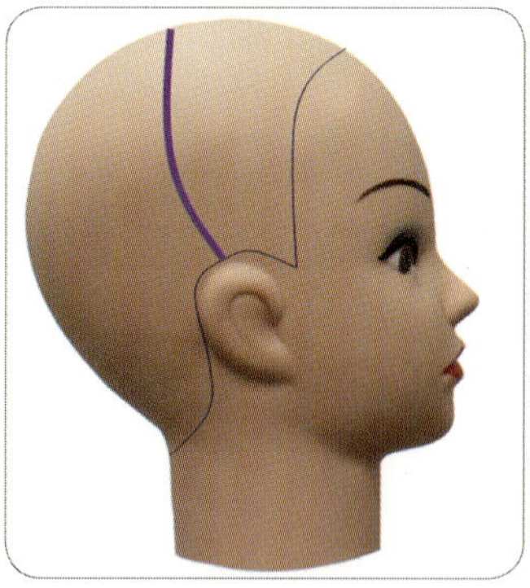

파팅은 이어투이어파팅(E.P~E.P)을 한다.

2) 시술과정 사진과 내용

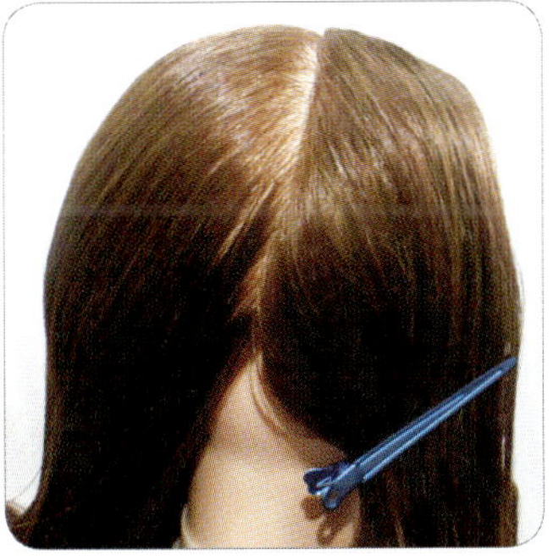

1 시술전 이어투이어파팅

2 뒷부분모발 전체 잡고 시술

3 고정

4 모선 부분 처리

5 모선 부분 고정

6 모선부분 핀 보이지 않게 처리

7 시술 중 모습

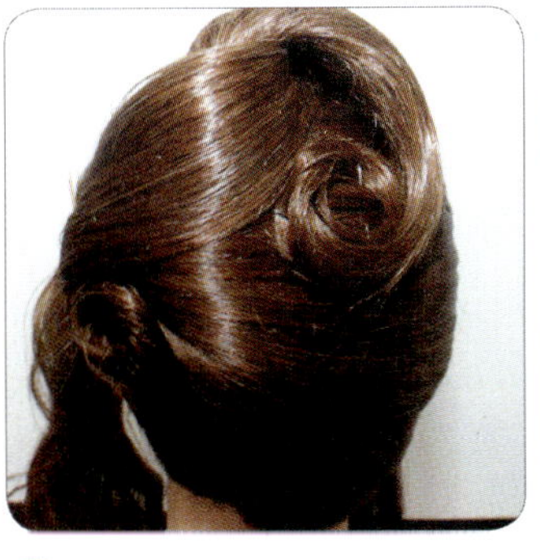

8 핀컬 핀 처리

9 앞부분 파팅

10 옆 부분 빗질하여 뒤로 넘김

11 모선 부분 시술

12 옆부분 시술 중 모습

13 옆 부분 파팅

14 파팅 모발 뒤쪽으로 시술

15 앞 부분 웨이브 모양을 위해 매직 시술

16 매직 시술 후 모습

17 앞 시술 중 모습

18 옆에서 본 모습

19 옆모발 파팅

20 옆모발 꼬아서 시술

21 꼬아서 시술 중

22 모신부분 고정

23 피팅 하단 부분 꼬아서 시술

24 꼬아서 시술 처리

25 꼬아서 시술 한 후 모습

26 반대 옆모발 전체 잡고 빗질

27 옆모발 시술 볼륨감을 조정

28 모선 부분 시술

29 완성된 앞모습

30 완성된 옆모습

31 완성된 뒷모습

32 완성된 옆모습

33 완성된 윗모습

엘레강스 이미지 업스타일 2

엘레강스 이미지 업스타일 시술 3

1. 작품해석

1) 느낌 설명 : 토대가 하위로 디자인하여 우아함을 강조한 업스타일이다. 젊은 층의 웨딩업 스타일에 적절하다.

2) 시술기법 : 큰 로프만을 포인트로 한다. 토대는 하위 스타일로 백포인트(B.P)에 묶는다.

3) 시술 팁 : 로프의 면을 매끈하게 양감을 고려하여 디자인 한다.

2. 시술순서

1) 파팅

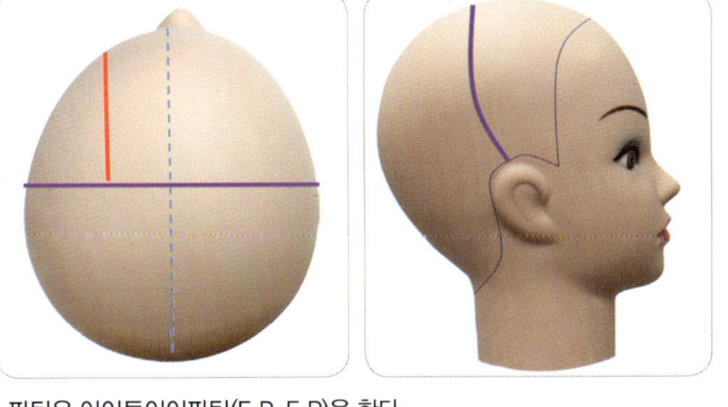

파팅은 이어투이어파팅(E.P~E.P)을 한다.

2) 시술과정 사진과 내용

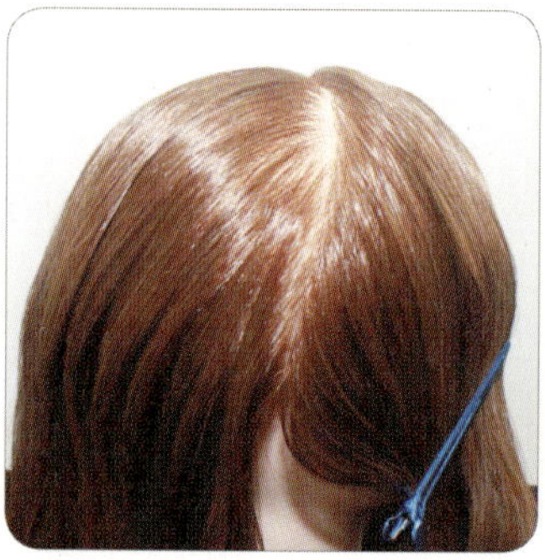

1 이어투 이어 파팅

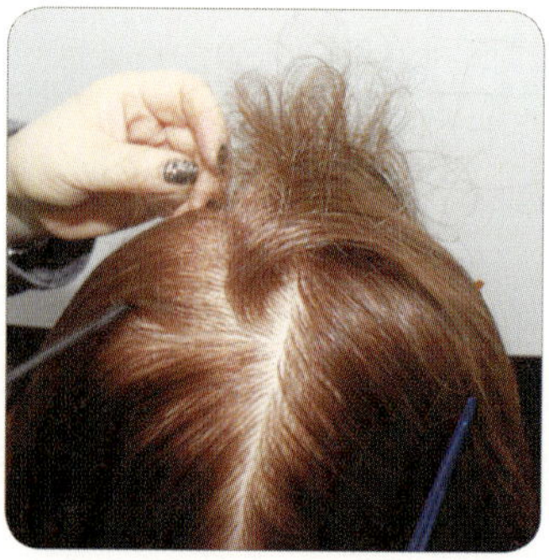

2 탑부분 백코밍

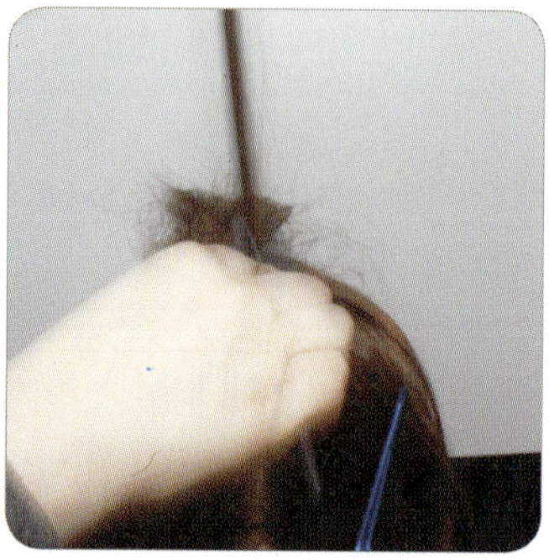

3 백코밍 작업 중

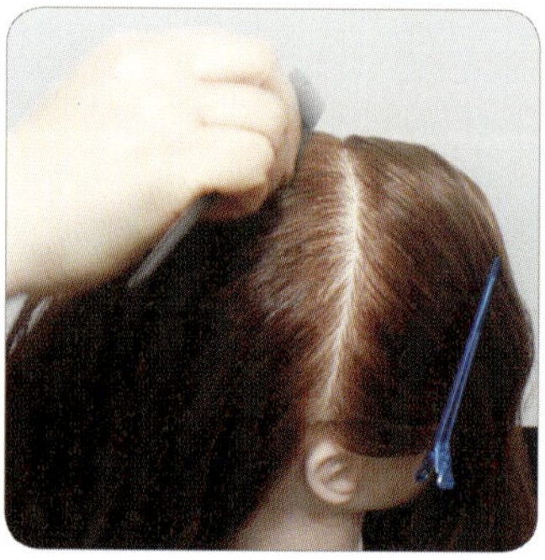

4 백코밍 부분 빗질 정리

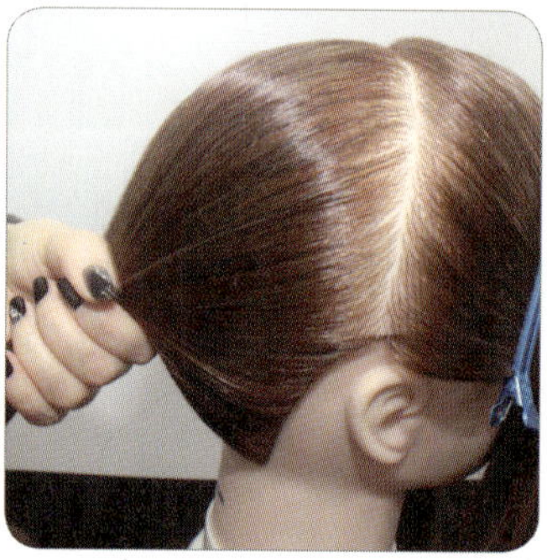

5 뒷부분 가지런히 정리 후 고정

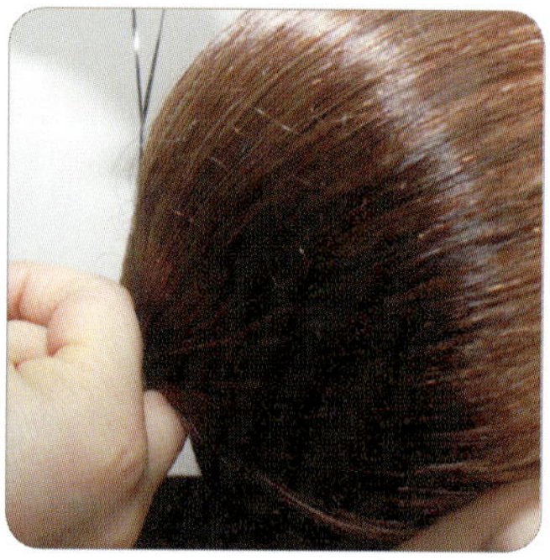

6 고무줄로 고정

7 고무줄 고정 모습

8 고정된 부분 파팅 후 반대쪽으로 시술

9 시술 후 모습

10 다음 섹션 시술

11 틀어서 시술

12 시술 후 모습

13 다음 섹션 백코밍 후 시술

14 모양 집으면서 시술

15 시술 정리

16 나머지 파팅 부분

17 파팅 부분 시술

18 시술 후 모습

19 반대 쪽 모발 시술

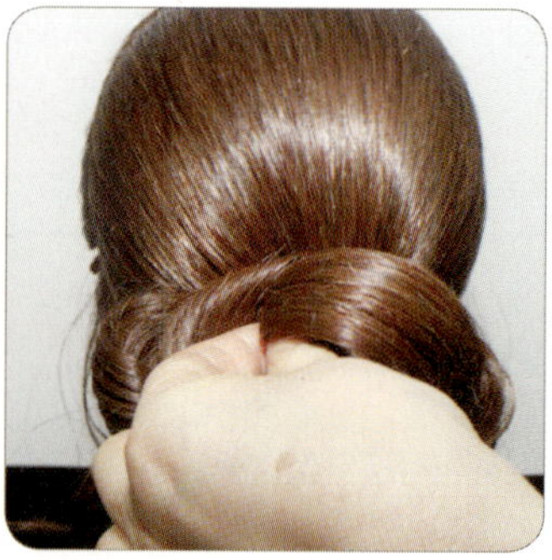

20 시술 고정

21 시술 후 모습

22 마지막 까지 시술 후 모습

23 옆모발 시술

24 옆모발 시술 후 모습

25 뒷모습

26 옆모발 상태

27 옆모발 뒤로 넘겨서 시술

28 완성된 앞모습

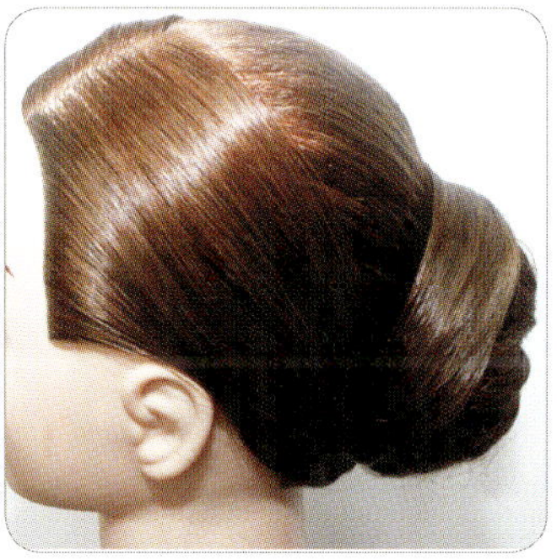

29 완성된 옆모습

30 완성된 뒷모습

31 완성된 옆모습

32 액세서리 옆모습

33 액세서리 뒷모습

34 액세서리 옆모습

엘레강스 이미지 업스타일 3

엘레강스 이미지 업스타일 시술 4

1. 작품해석

1) 느낌 설명 : 엘레강스한 분위기를 최대한 살려 단정한 이미지를 연출한다.

2) 시술기법 : 꼬기와 양감을 최대 살려 면을 강조한다.

3) 시술 팁 : 망을 이용해 디자인의 안정감과 시술 시간을 줄인다.

4) 응용스타일 : 꼬기의 크기를 조절하여 얼굴형에 맞춘다.

2. 시술순서

1) 파팅

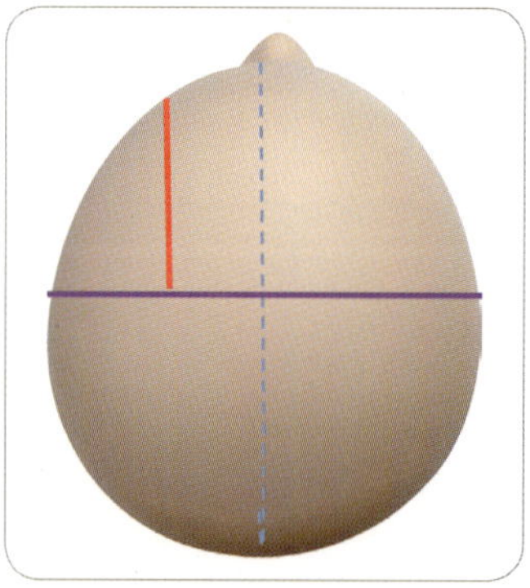

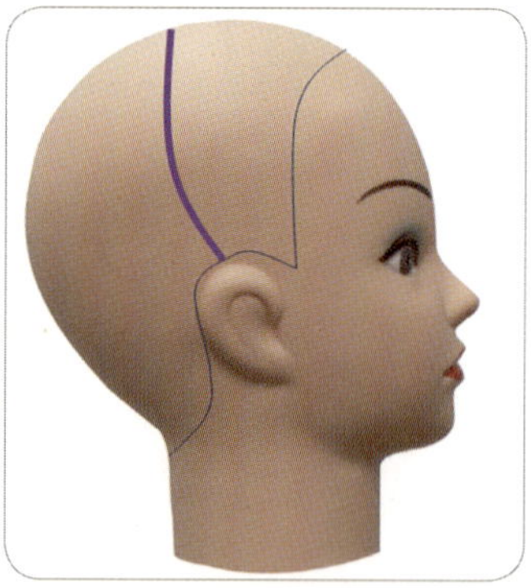

파팅은 이어투이어파팅(E.P~E.P)을 한다.

2) 시술과정 사진과 내용

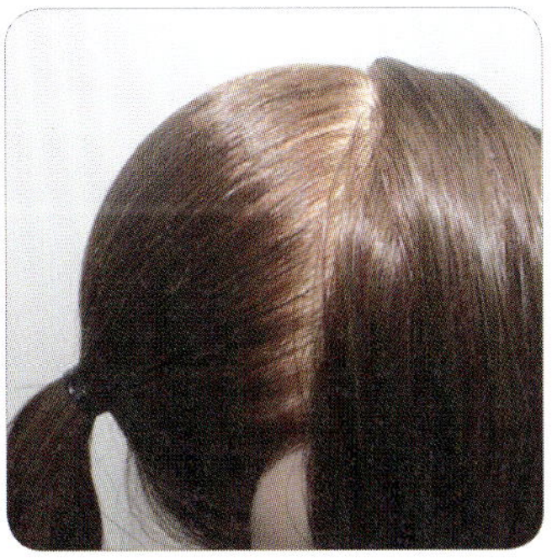

1 이어투 이어 파팅 후 2 백부분 고무줄로 고정

2 옆모발 파팅 후 윗부분 뒤로 넘겨 고정

3 파팅 아래 부분 뒤로 넘겨 고정

4 고정된 모습

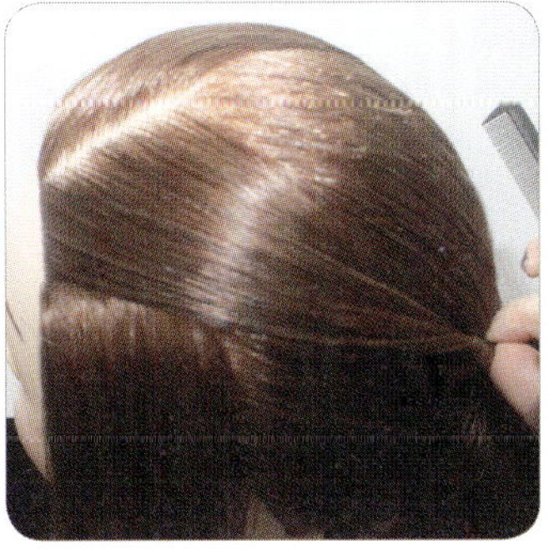

5 옆모발 파팅 후 윗모발 뒤로 넘겨 고정

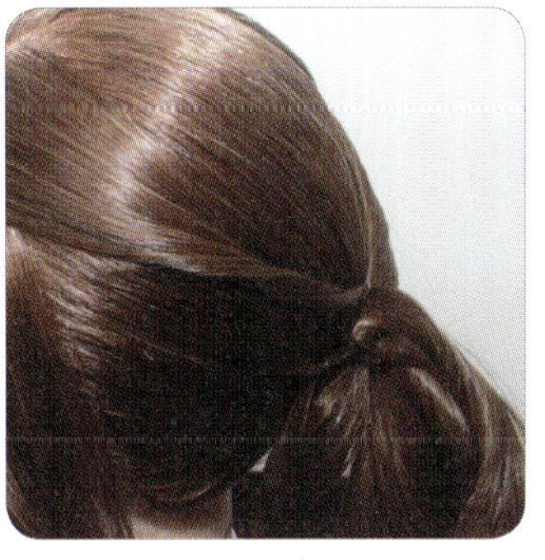

6 고정된 모습

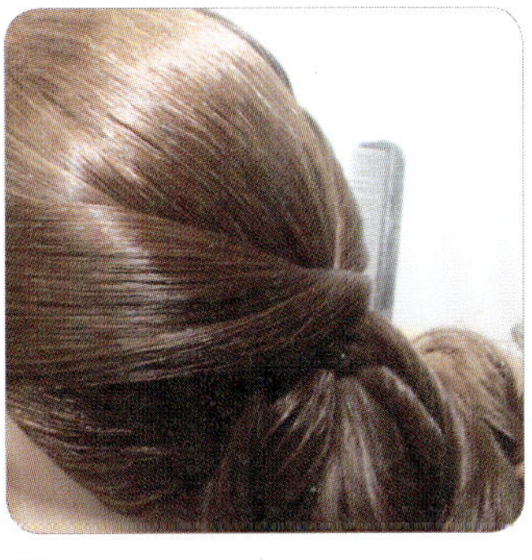

7 파팅 아래 부분 뒤로 넘겨 고정

8 뒷모습

9 네이프 부분 모발 꼬기

10 꼬아서 처리

11 다음 부분 꼬는 시술

12 꼬아서 고정

13 고정된 모습

14 나머지 부분

15 나머지 부분 정리

16 모선 부분 묶음

17 네이프 안쪽으로 넣음

18 넣어서 모양 만들어 고정

19 망을 씌움

20 망 묶음

21 망 고정된 모습

22 마지막 모선 정리

23 완성된 뒷모습

24 완성된 옆모습

25 완성된 앞모습

26 완성된 옆모습

27 액세서리 뒷모습

엘레강스 이미지 업스타일 4

Upstyle

로맨틱이미지 업스타일

1. 로맨틱이란?

로맨틱(Romantic)이란 낭만적이고, 부드럽고, 달콤한 사랑을 꿈꾸는 듯한 이미지로 풍성하고 부드러운 롱 웨이브 스타일과 인크리스 레이어 커트와 그래쥬에이션의 콤비네이션 헤어커트 스타일에 굵은 웨이브와 자연스러운 업스타일을 사용하여 로맨틱한 느낌의 부드러움을 강조한 스타일이다. 또한 길고 굵은 웨이브에 묶거나 땋은 머리에 앞머리 내림과 핀, 리본을 사용한 소녀다운 스타일을 말한다.

2. 사용도구

업스타일 시술 도구

로맨틱 이미지 업스타일 시술 1

1. 작품해석

1) 느낌 설명 : 귀엽고 사랑스러운 느낌을 연출하기 위해 웨이브를 강조하여 거친 느낌의 업스타일을 한다.

2) 시술기법 : 리지를 나타내는 웨이브를 강조하여 시술한다.

3) 시술 팁 : 연령이 어린 층이나, 캐주얼한 옷차림에 어울리는 스타일이다.

4) 응용스타일 : 웨이브를 고리로 바꾸어 시술할 수 있다.

2. 시술순서

1) 파팅

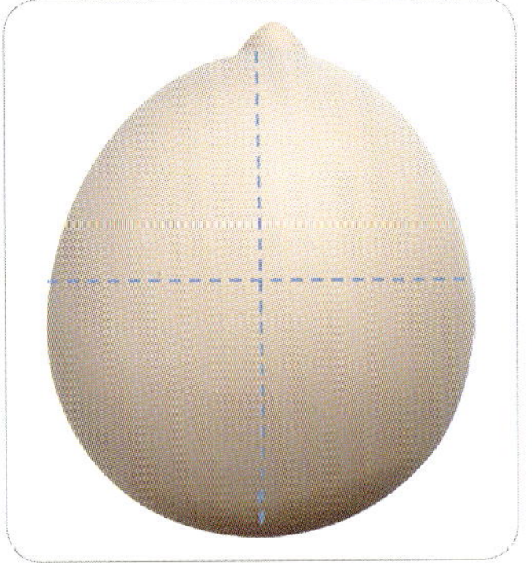

노파팅을 한다. 시술전에 먼저 매직기를 이용하여 웨이브를 만들어 놓는다.

2) 시술과정 사진과 내용

1. 시술을 위해 매직기로 웨이브 형성

2 시술 중

3 시술 중

4 시술 후 모습

5 모선 부분 시술

6 시술 후 모습

7 계속 매직기 시술

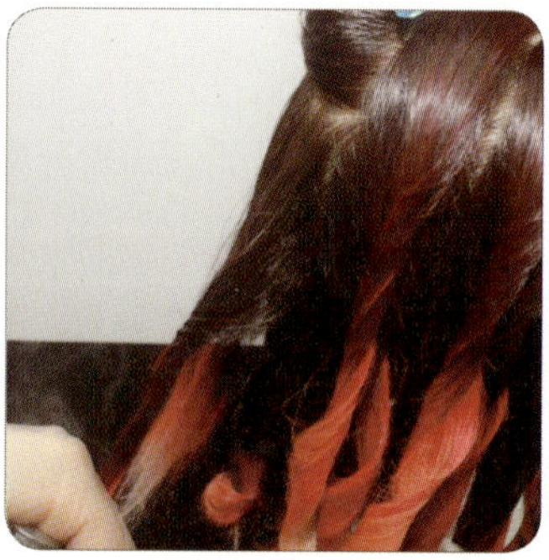

8 모선 부분 까지 시술

9 앞에서 본 모습

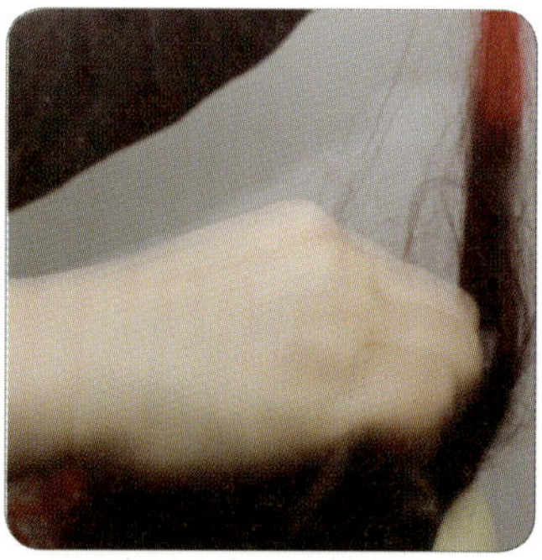

10 앞부분 백코밍 시술

11 백코밍 후 모습

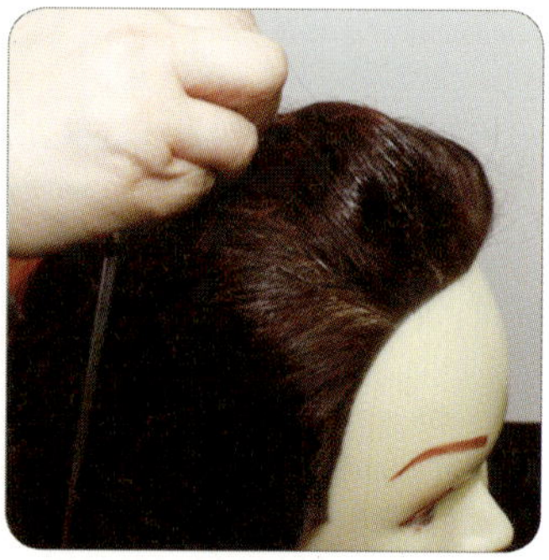

12 백코밍 부분 정리 후 뒤로 고정

13 고정된 모습

14 뒤 모발 정리

15 모발 토대 잡음

16 고무줄로 고정

17 고정된 모습

18 안성된 앞모습

19 완성된 옆모습

20 완성된 뒷모습

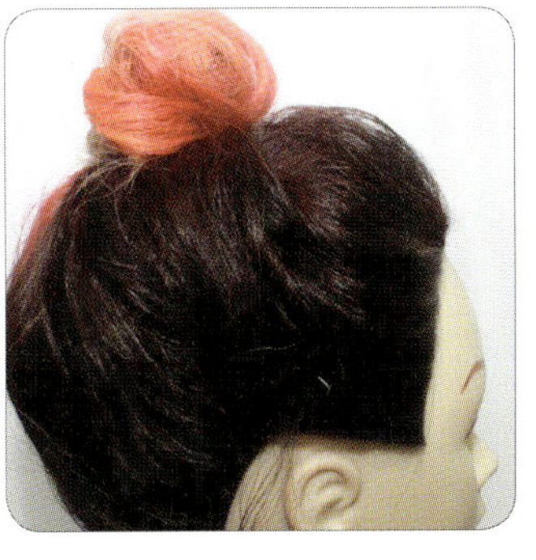
21 완성된 옆모습

로맨틱 업스타일 시술 1

로맨틱 이미지 업스타일 시술 2

1. 작품해석

1) 느낌 설명 : 귀여움과 발랄함을 강조한다.

2) 시술기법 : 웨이브, 꼬기, 땋기를 이용한다.

3) 시술 팁 : 토대의 위치를 정중선이 아닌 옆으로 위치한다.

2. 시술순서

1) 파팅

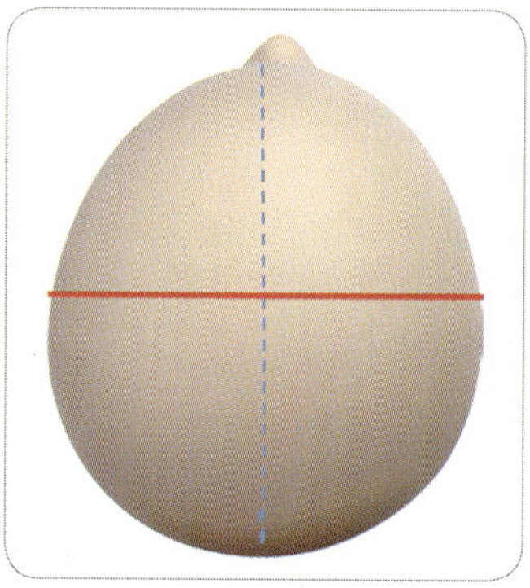

1 파팅은 이어투이어파팅(E.P~E.P)을 한다.

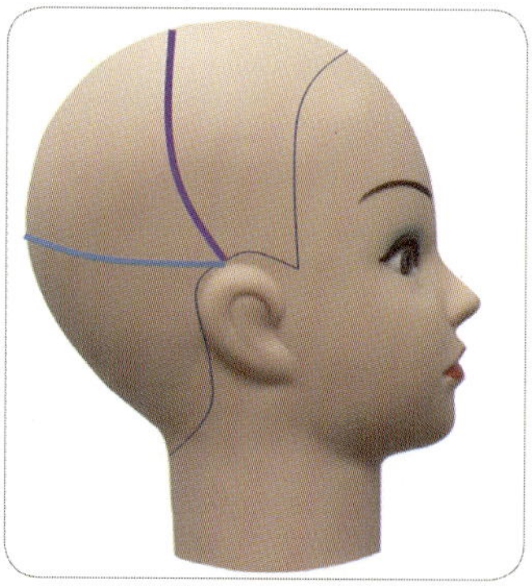

2 뒷부분을 다시 2등분 파팅한다.

2) 시술과정 사진과 내용

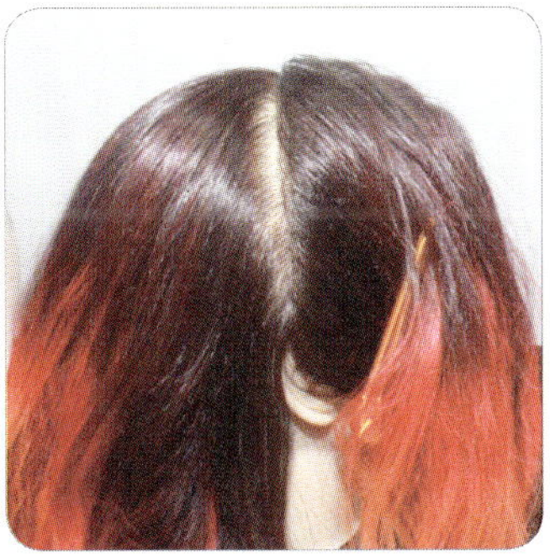

1 이어투 이어 파팅

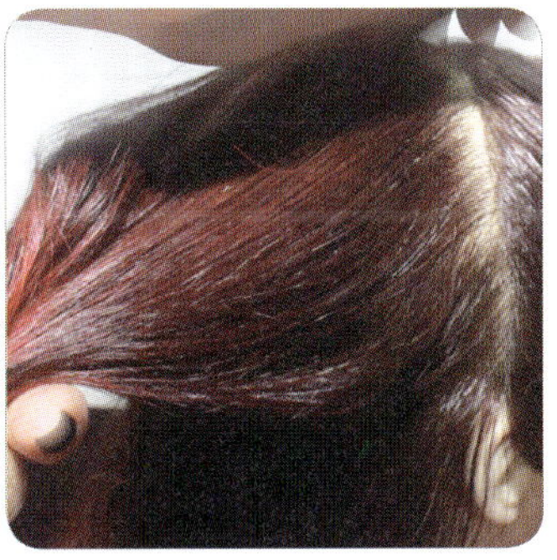

2 뒷 부분 1/2 파팅

3 파팅 윗부분 잡아서 시술

4 시술 후 모습

5 아래 파팅 나눠서 시술

6 시술 후 모습

7 아래 반대편 시술

8 시술 고정

9 고정된 모습

10 앞 모발 땋기

11 땋기 시술 중

12 모선까지 땋기

13 땋아서 고정

14 앞 모습

15 반대편 모발 정리

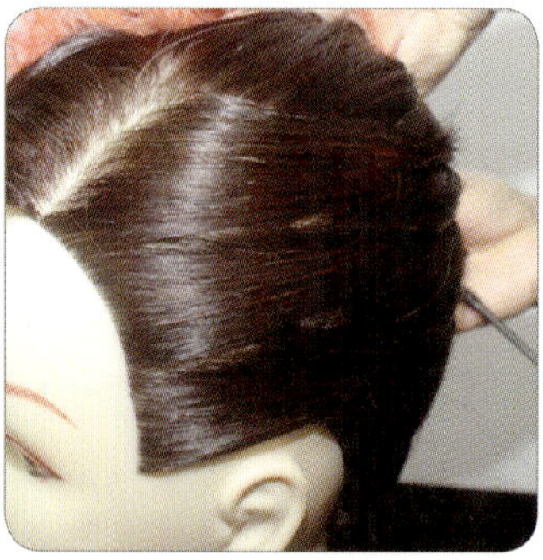

16 셋 파팅 나눠 각자 꼬아서 뒤로 넘김

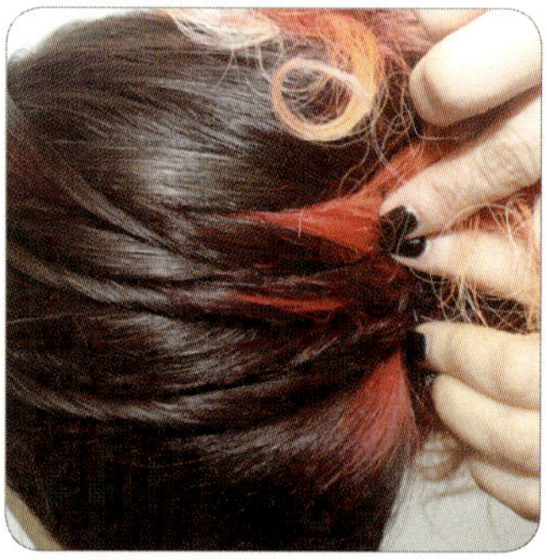

17 뒤에서 고정

18 완성된 뒷모습

19 완성된 옆모습 (응용 Ⅰ)

20 완성된 앞모습

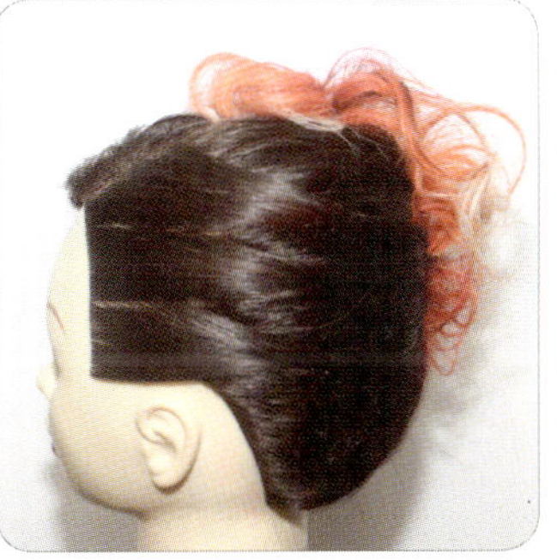

21 완성된 옆모습

22 확대 완성된 뒷모습

23 완성된 윗모습 (응용 Ⅱ)

24 확대 완성된 앞모습

로맨틱 업스타일 시술 2

로맨틱 이미지 업스타일 시술 3

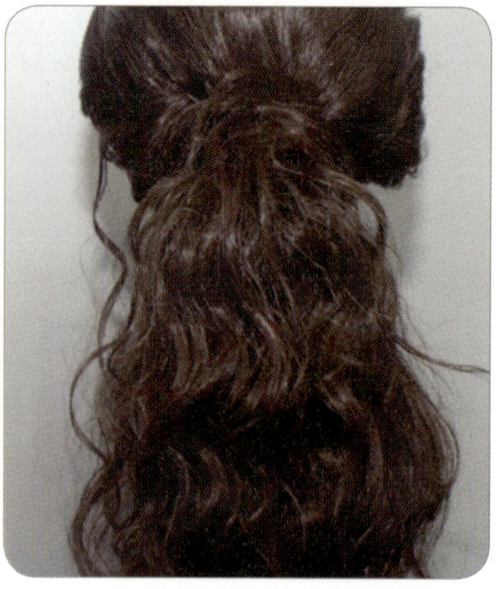

1. 작품해석

1) 느낌 설명 : 토대의 위치를 백포인트로 하여 웨이브를 강조한다. 사랑스럽고 부드러움을 강조한다.

2) 시술기법 : 백포인트에 묶음 형태로 웨이브의 사랑스러움을 강조한다.

3) 시술 팁 : 포니테일의 형태를 만든다. 웨이브의 느낌을 자연스럽게 연출한다.

2. 시술순서

1) 파팅

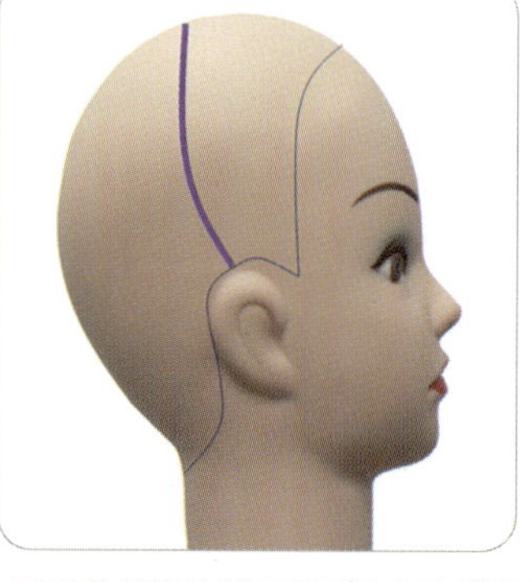

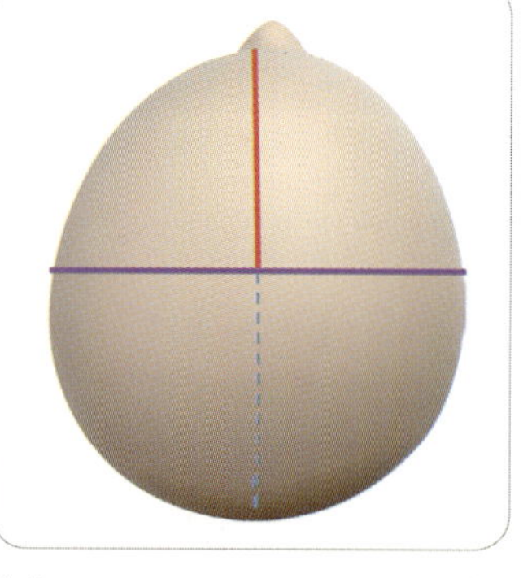

파팅은 이어투이어파팅(E.P~E.P)을 한다.

2) 시술과정 사진과 내용

1 웨이브 처리한 시술 전 모습

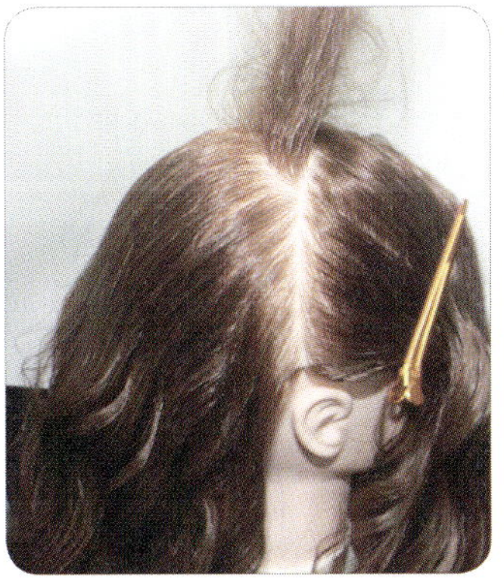

2 이어투 이어파팅 후 탑부분 백코밍

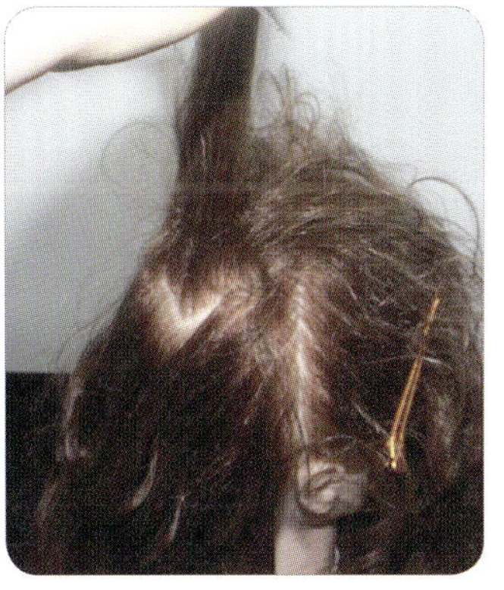

3 백코밍 시술 중

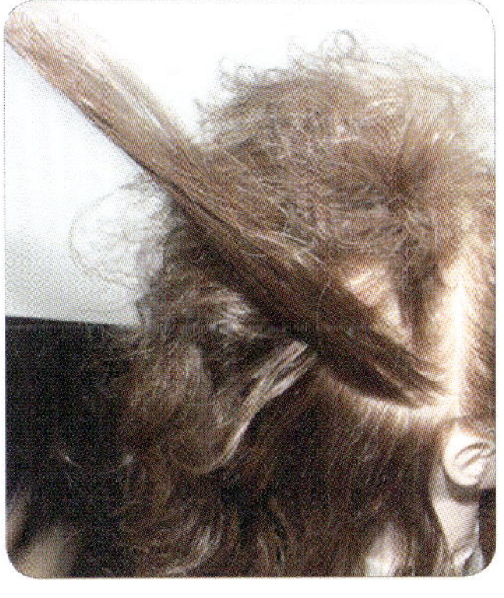

4 골덴 부분 까지 뒷부분 백코밍 작업

5 백코밍 후 모습

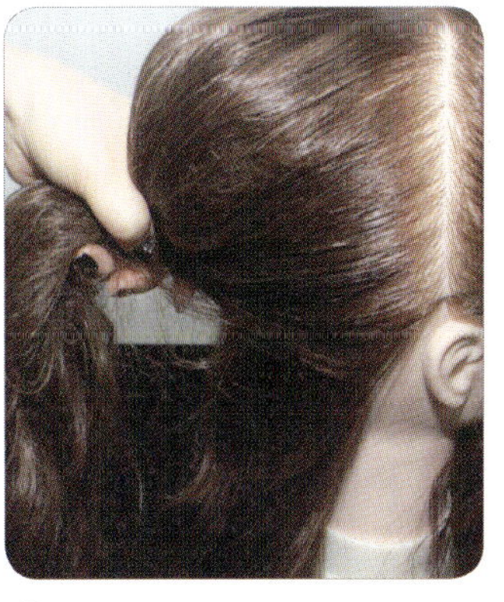

6 백코밍 부분 잡음

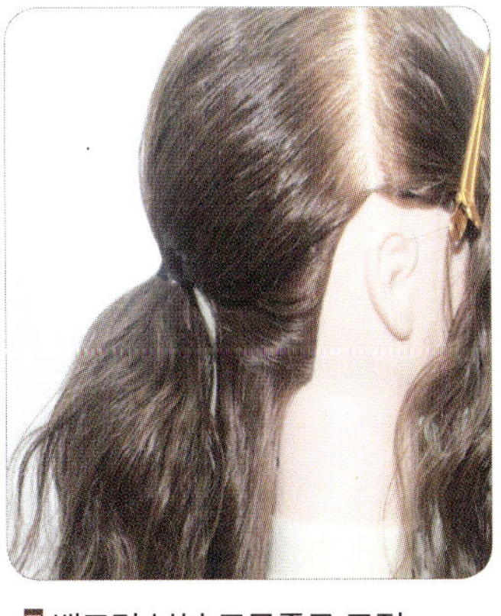

7 백코밍 부분 고무줄로 고정

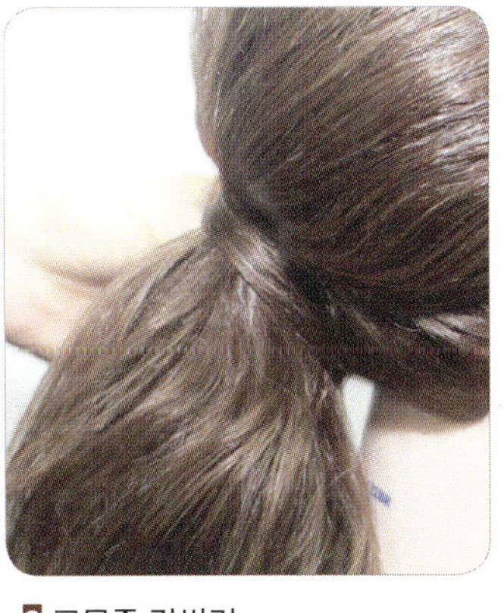

8 고무줄 감싸기

9 고무줄 감싸기

10 옆모발

11 옆모발 뒤로 넘겨서 시술

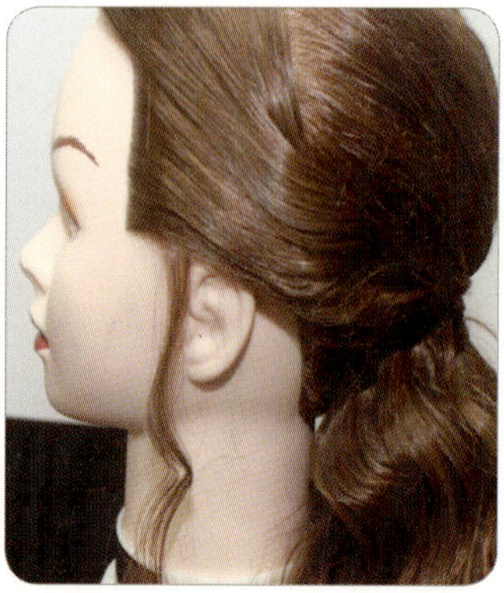

12 반대편 모발 뒤로 꼬아 넘겨서 시술

13 고정된 모습

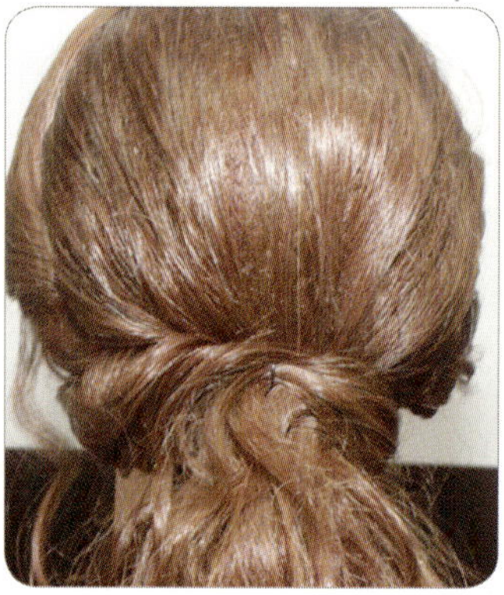

14 마지막 마무리

15 완성된 옆모습

16 완성된 뒷모습

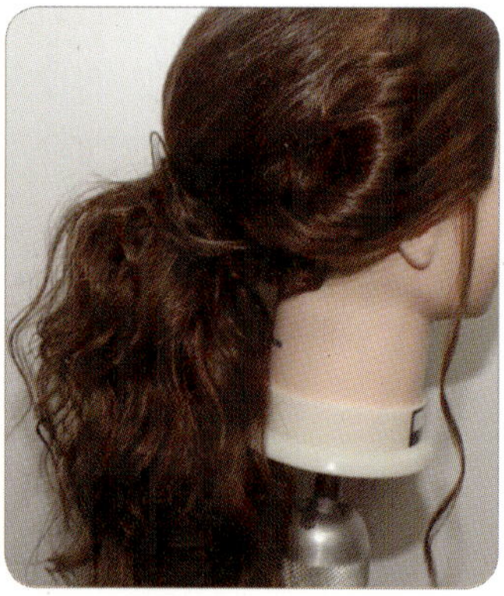

17 완성된 옆모습

18 완성된 앞모습

로맨틱 업스타일 시술 3

로맨틱 이미지 업스타일 시술 4

1. 작품해석

1) 느낌 설명 : 낭만적이고 사랑스러움을 표현한다.

2) 시술기법 : 토대의 위치를 오른쪽으로 기울여 시술한다. 사이드 모발의 꼬기로 포인트를 강조하여 사랑스러움을 표현한다.

3) 시술 팁 : 너무 면이 매끄럽지 않고 자연스럽게 연출한다.

2. 시술순서

1) 파팅

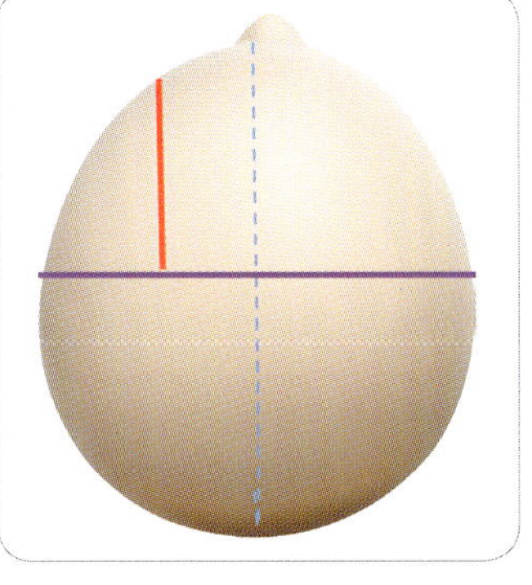

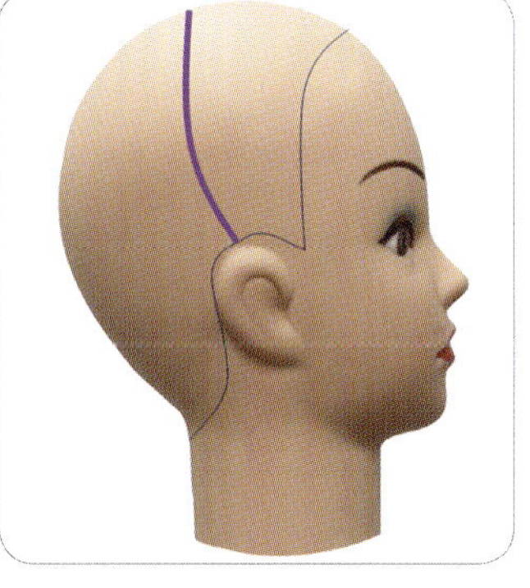

파팅은 이어투이어파팅(E.P~E.P)을 한다.

2) 시술과정 사진과 내용

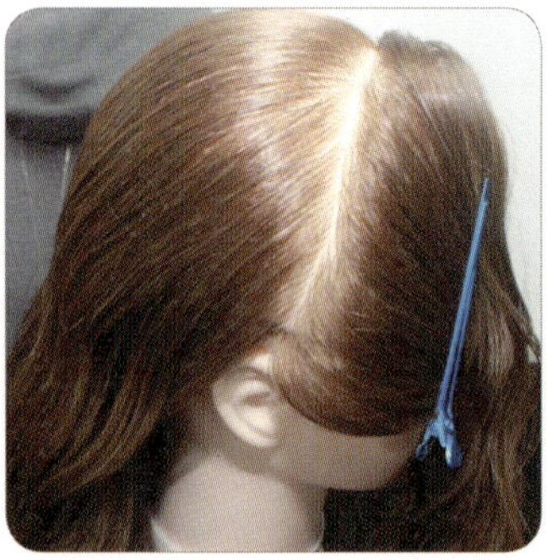

1 이어투 이어 파팅

2 뒤부분 1/2 나눠 위 팅부분 오른쪽으로 잡음

3 고무줄로 고정

4 파팅 아래 부분 당겨서 고정

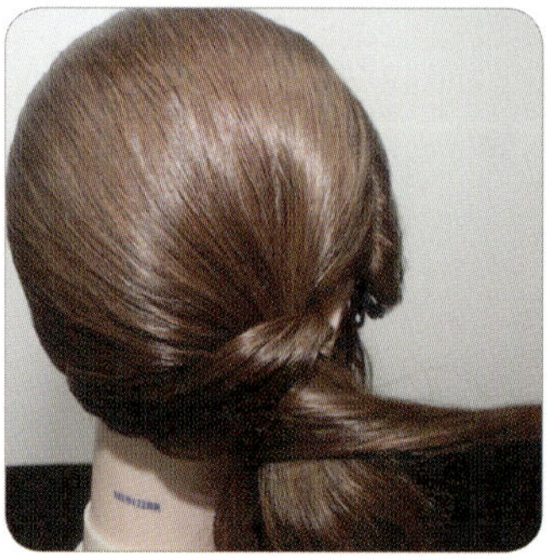

5 다음 부분 시술

6 시술 중

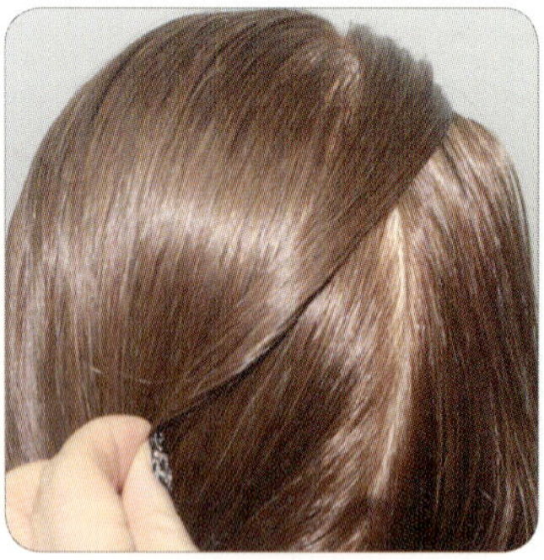

7 앞 모발 뒤로 꼬아 넘겨 고정

8 다음 모발 뒤로 꼬아 넘겨 고정

9 계속 시술

10 마지막 모발 뒤로 넘겨 고정

11 고정된 모습

12 마무리

13 완싱된 잎모습

14 전체 완싱된 뒷모습 (응용 Ⅰ)

15 확대 완싱된 옆모습

16 확대 완성된 옆모습

17 확대 완성된 뒷모습

18 확대 완성된 뒷모습

19 묶었을 때 완성 옆모습

20 묶었을 때 완성 앞모습

21 묶었을 때 완성 옆모습

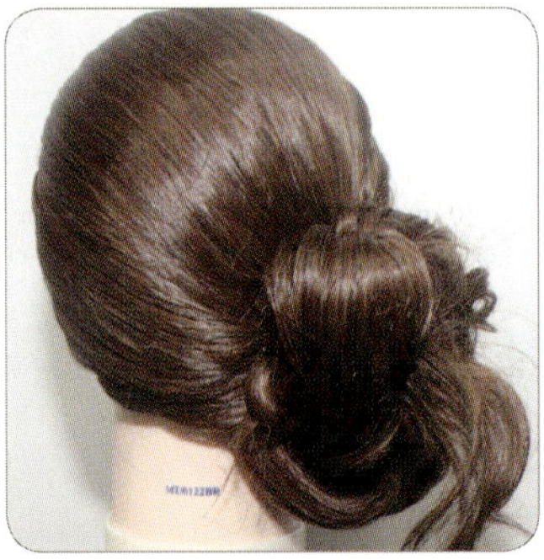

22 묶었을 때 완성 뒷모습

23 묶었을 때 완성 옆모습

24 묶었을 때 완성 뒷모습

25 액세서리 완성 옆모습 (응용 II)

로맨틱 업스타일 시술 4

Upstyle

큐티 업스타일

1. 큐티란?

큐티(Cutie)란 "귀여운·예쁜"이라는 의미로서, 주로 어린이나 작은 동물 등의 형용으로 쓰이며 현대적인 사춘기 전의 11세 주변의 십대 여아를 의미하는 프리틴(pre-teen)의 형용으로 사용된다. 헤어스타일로 전체적인 이미지를 귀엽게 표현하기는 쉽지 않다. 로맨틱과 비슷한 이미지가 표현 될 수 있으며 로맨틱이 좀 더 성숙한 여성의 낭만적 이미지로 표현된다면 큐티는 좀 더 어리고 귀여운 이미지로 표현 할 수 있다고 하겠다.

2. 사용도구

업스타일 시술 도구

큐티 이미지 업스타일 시술 1

1. 작품해석

1) 느낌 설명 : 귀여움을 강조하여 꽃의 느낌을 강조한다. 이 디자인은 한복 업스타일에 잘 어울리는 토대가 하위인 업스타일이다.

2) 시술기법 : 고리를 많이 만들어 귀여움과 어린 아이의 느낌으로 시술한다.

3) 시술 팁 : 지그재그 섹션으로 귀여움을 강조, 네이프포인트(N.P)의 양감으로 연령, 얼굴형을 보완할 수 있다.

2. 시술순서

1) 파팅

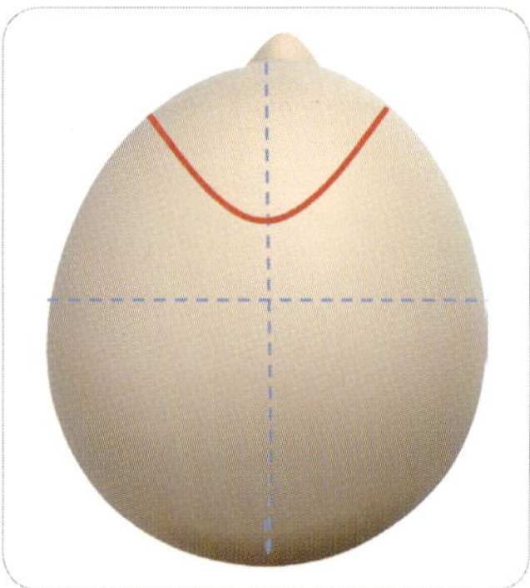

1 앞머리(프렌지)부분을 따로 파팅한다.

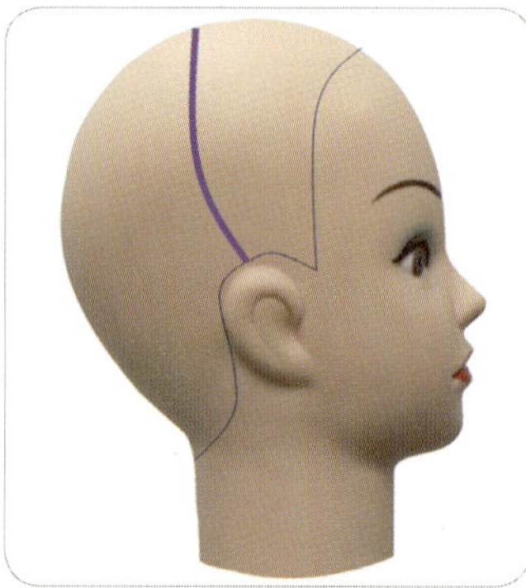

2 그리고 옆머리 파팅한다.

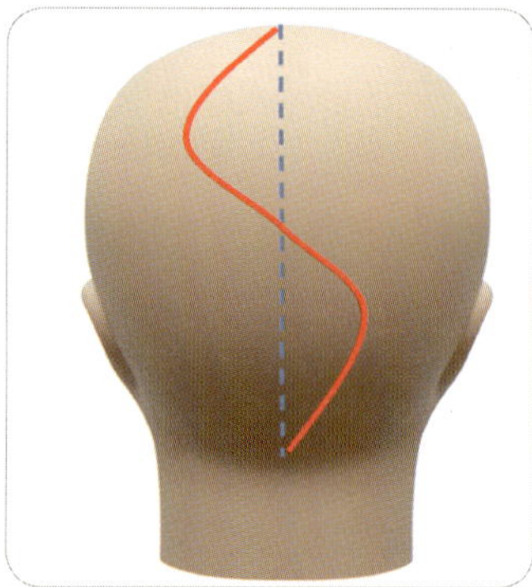

3 뒷부분 지그재그 세로 파팅한다.

2) 시술과정 사진과 내용

1 시술 전 앞 모습

2 옆 가르마 파팅

3 앞 부분 파팅

4 꼬아서 고정

5 고정된 모습

6 모선 부분까지 정리하여 시술

7 옆모발 고정

8 뒤 모발 지그재그 섹션 나눔

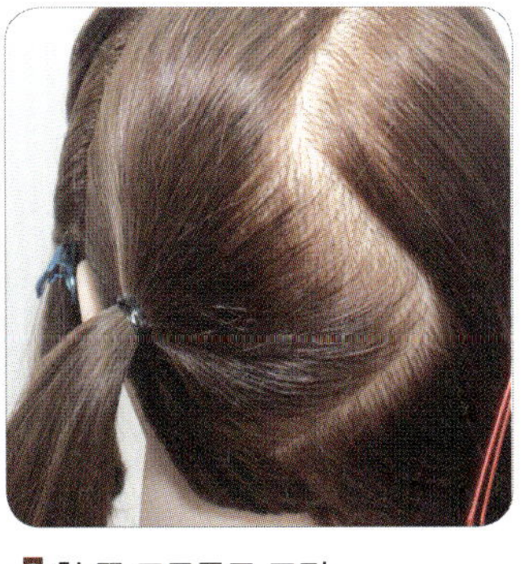

9 한 쪽 고무줄로 고정

10 반대편 모발 고무줄로 고정

11 고정된 모습

12 고정된 부분 파팅 후 말아서 시술

13 시술 중 모습

14 또 다른 나머지 부분

15 나머지 부분 동일하게 시술

16 나머지 부분 빗질 정리

17 안으로 말아서 고정

18 마지막 부분 시술

19 시술 후 모습

20 핀 고정

21 핀 고정

22 빈대 편 시술

23 동일하게 시술

24 고정

25 나머지 부분 감아서 시술

26 또 다른 부분 빗질

27 동일하게 시술

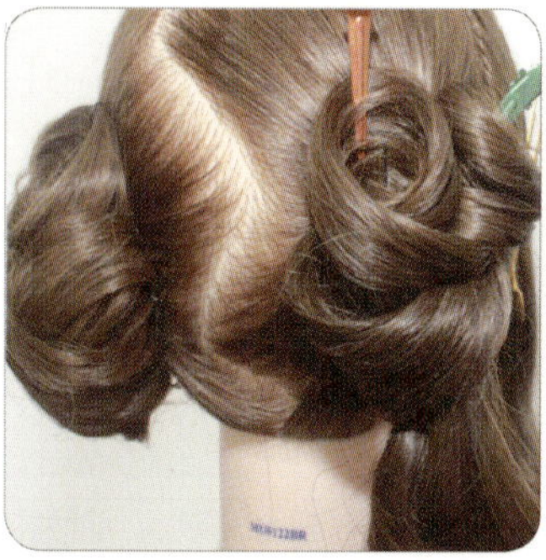

28 시술 후 모습

29 나머지 부분 시술

30 시술 중 고정

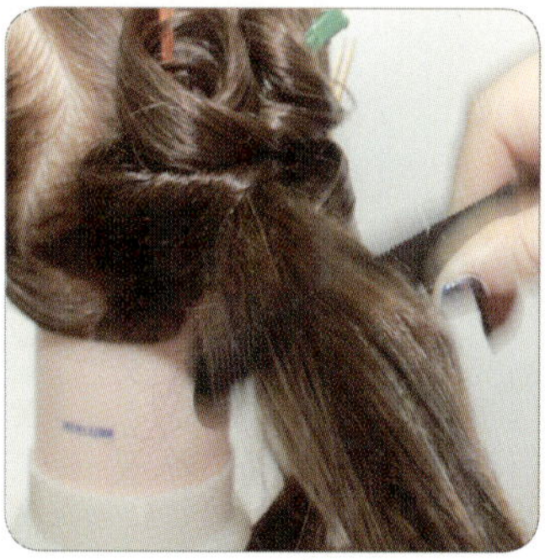

31 마지막 섹션 빗질

32 앞으로 말아서 시술

33 고정

34 마지막 고정 시술

35 핀 고정

36 옆모습 파팅 후 윗 부분 뒤로 넘김

37 뒷모습

38 모선 부분 시술

39 반대 편 옆모발 파팅후 윗부분 뒤로 넘김

40 넘긴 모습

41 끝 부분 시술

42 고정된 모습

43 아래 부분 동일하게 시술

44 시술 중 모습

45 반대편 모발은 꼬아서 처리

46 꼬아서 위치 잡아 고정

47 마무리

48 완성된 뒷모습

49 완성된 옆모습

50 완성된 앞모습

51 완성된 옆모습

큐티 이미지 업스타일 시술 1

큐티 이미지 업스타일 시술 2

1. 작품해석

1) 느낌 설명 : 귀여움과 아름다움을 포인트로 한다. 귀엽지만 내츄럴한 느낌으로 연출한다.

2) 시술기법 : 간단히 묶는 기법으로 매듭을 이용한다.

3) 시술 팁 : 토대가 2개 이며 빠른 시술로 시술 시간이 줄일 수 있다.

2. 시술순서

1) 파팅

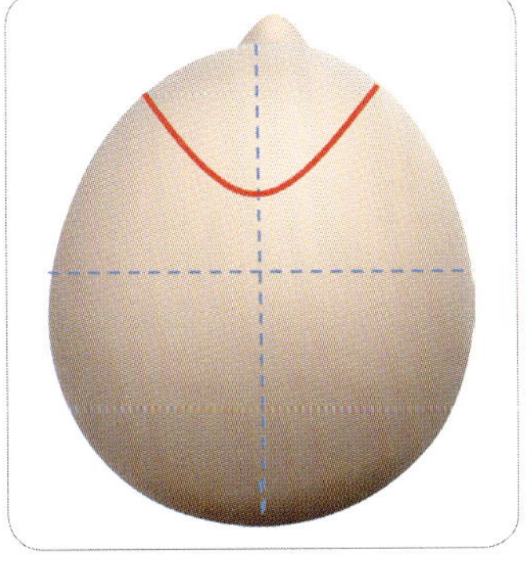

1 앞머리(프렌지)부분을 따로 파팅 한다.

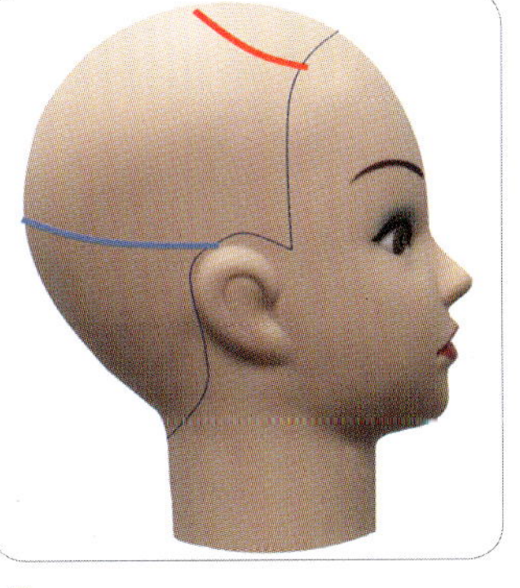

2 뒷부분 수평 2등분 파팅한다.

2) 시술과정 사진과 내용

1 시술 전 모습

2 뒷 부분 1/2 파팅

3 윗 부분 고무줄로 고정

4 아래 부분 고무줄로 고정

5 고정된 모습

6 윗 부분 매듭으로 모양 만들기

7 매듭 후 모선 부분 처리

8 아래 부분 구분 정리

9 매듭 작업

10 매듭작업

11 매듭 작업 후

12 아래 부분 매듭 고정

13 매듭 후 고정된 모습

14 앞 모발 빗질 정리

15 정리된 모발 뒤로 넘겨 위치 잡음

16 고정 시킴

17 완성된 옆모습

18 확대 완성된 옆모습

19 완성된 뒷모습

20 완성된 옆모습

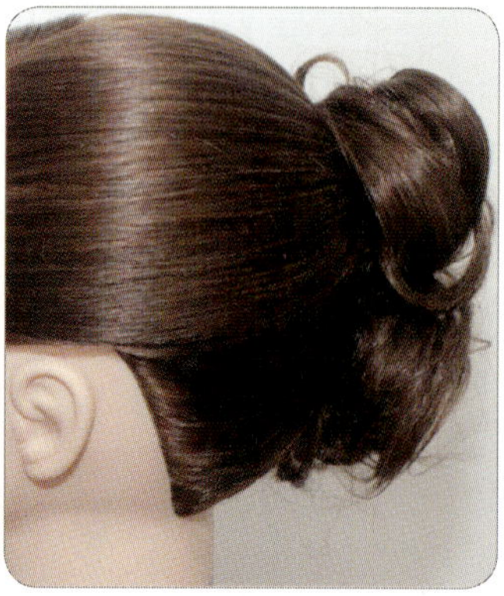

21 완성된 옆모습

큐티 이미지 업스타일 시술 2

큐티 이미지 업스타일 시술 3

1. 작품해석

1) **느낌 설명 :** 토대가 상위로 만들어지고 귀엽지만 단정한 느낌이 연출된다.

2) **시술기법 :** 오직 꼬기만을 이미지로 표현된다.

3) **시술 팁 :** 꼬기의 크기를 조절하면 더욱 다양한 스타일을 연출할 수 있다.

2. 시술순서

1) 파팅

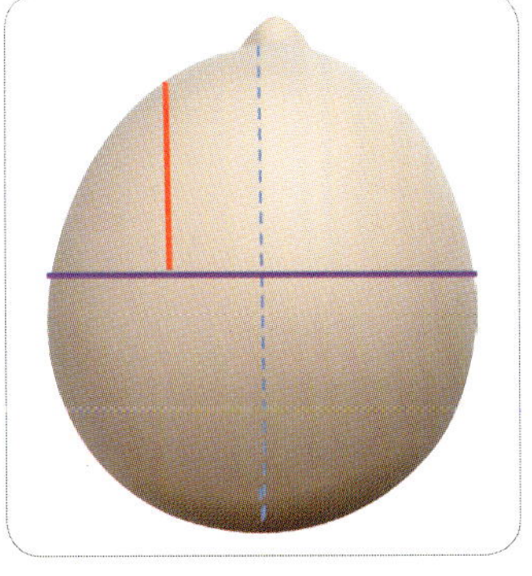

1 옆 가르마를 한다.

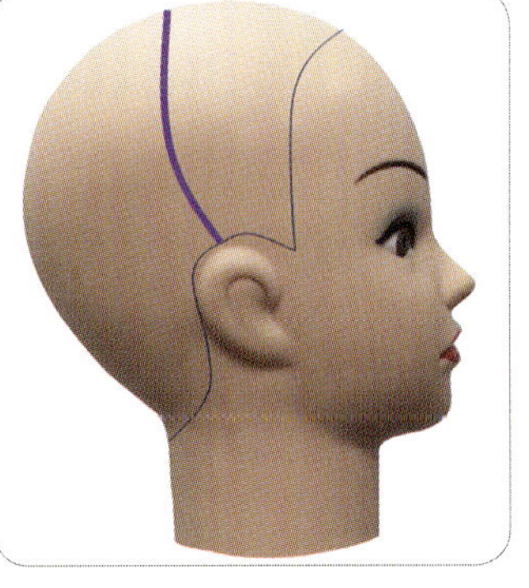

2 파팅은 이어투이어파팅(E.P~E.P)을 한다.

2) 시술과정 사진과 내용

1 시술 전 모습

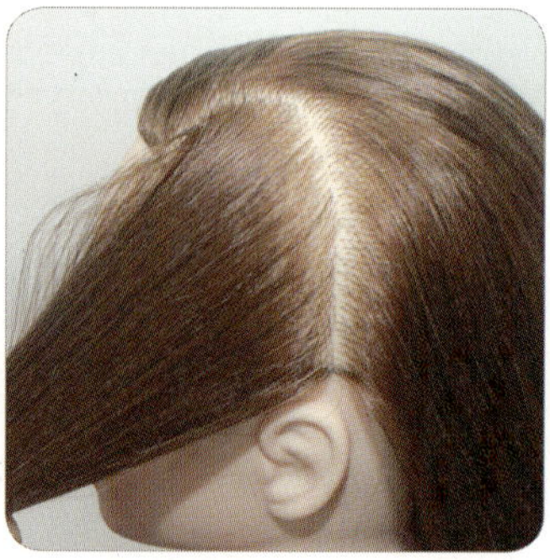

2 옆 부분 파팅

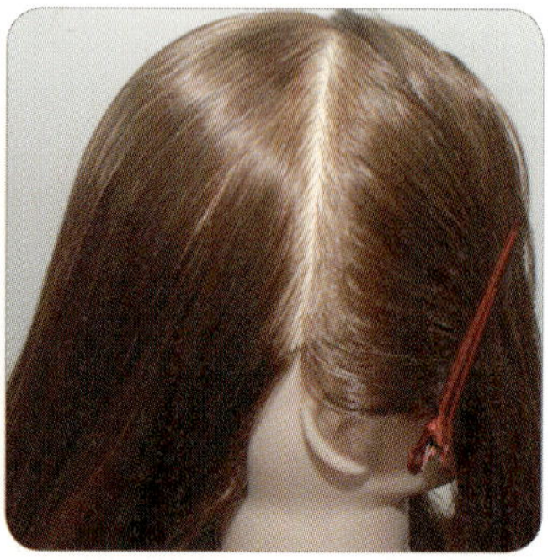

3 반대편 이어투 이어 파팅

4 뒤 모발 전체 정리

5 정리 후 토대 위치 결정후 잡음

6 토대에 고무줄로 고정

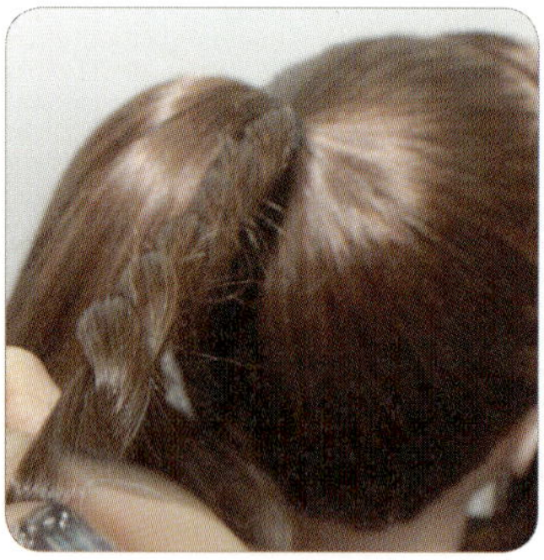

7 고정된 모발 나뉘어서 꼬기 시술

8 다음 부분 꼬기 시술

9 꼬기 시술 중

10 꼬기 시술 중

11 모선까지 꼬기

12 꼬은 모발 같이 잡기

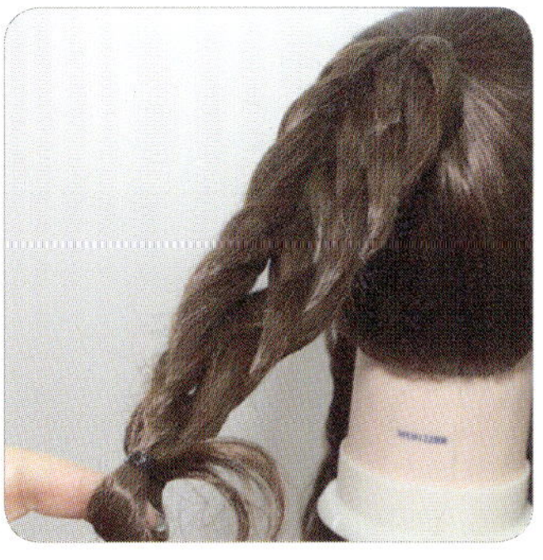

13 같이 잡아 모선 부분 고무줄로 묶음

14 뒷모습

15 묶긴 모발 다발 안으로 말아서 고정

16 핀으로 고정

17 뒤 마지막 정리

18 뒤 모습

19 옆모발 두 부분으로 나뉘어 꼬기 시작함

20 꼬기 시술 중

21 모선 까지 꼬기 중

22 꼬아서 토대 주변에 위치 잡아 고정

23 고정된 모습

24 반대편 모발 두 파팅 나눔

25 꼬기 시작함

26 모선 까지 꼬기 중

27 꼬아서 고정

28 마무리

29 완성된 옆모습

30 완성된 앞모습

31 완성된 옆모습

32 완성된 뒷모습

33 확대 완성된 옆모습

큐티 이미지 업스타일 시술 3

큐티 이미지 업스타일 시술 4

1. 작품해석

1) 느낌 설명 : 귀여운 이미지를 극대화 시킨 스타일이다.

2) 시술기법 : 시뇽스타일의 변형이다.

3) 시술 팁 : 리본의 느낌을 최대한 장조 된다.

4) 응용스타일 : 리본의 크기나 토대의 위치로 디자인의 변화를 유도 할 수 있다.

2. 시술순서

1) 파팅

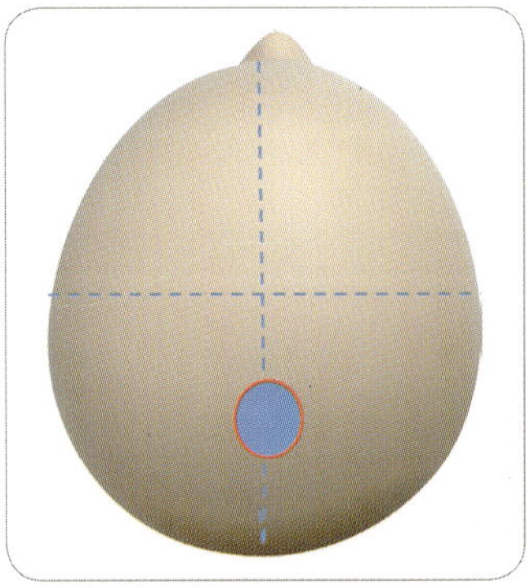

1 노파팅한다.

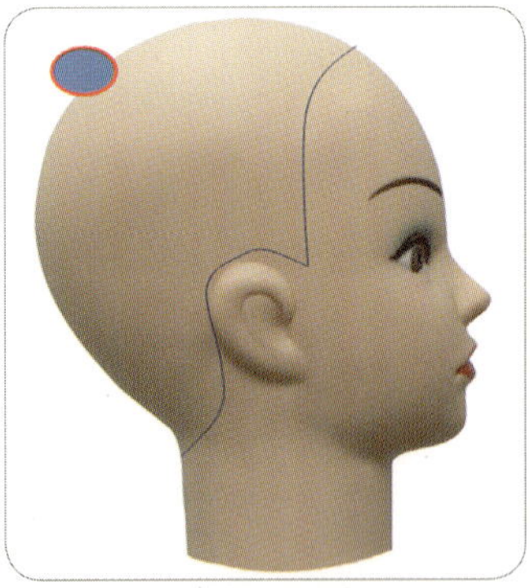

2 골덴포인트 부분에 토대를 만든다.

2) 시술과정 사진과 내용

1 시술 전 모습

2 골덴 포인트 부분에 토대 만들어 고무줄로 고정

3 고정된 모습

4 토대 반으로 나뉘어 고정시킴

5 마무리

6 완성된 앞모습

7 완성된 옆모습

8 완성된 뒷모습

9 완성된 옆모습

큐티 이미지 업스타일 시술 5

1. 작품해석

1) 느낌 설명 : 귀여움과 발랄함이다. 꼬기의 양감 조절로 좀 더 어린 느낌으로 시술한다.

2) 시술기법 : 두피의 섹션이 보임으로 경쾌한 느낌으로 한다.

3) 시술 팁 : 여러 가닥의 섹션으로 선을 강조하여 큐티함을 강조한다.

4) 응용스타일 : 섹션의 세분화로 짧은 모발의 시술이 용이하다.

2. 시술순서

1) 파팅

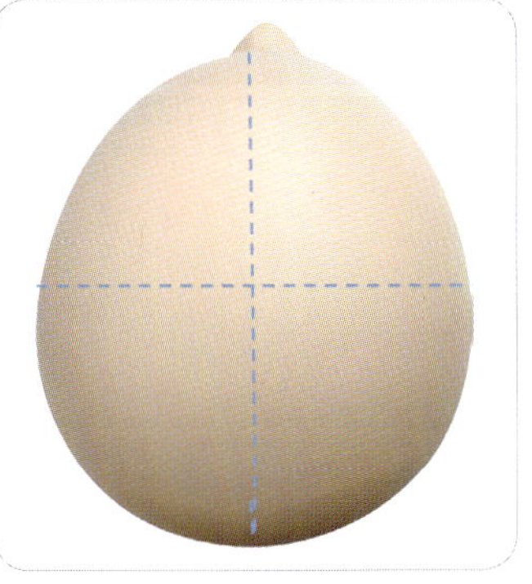

1 노파팅한다.

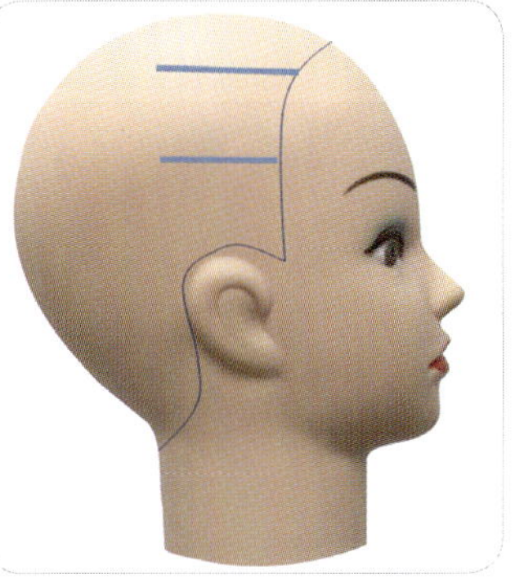

2 앞부분, 옆부분을 부분 부분 파팅하여 시술한다.

2) 시술과정 사진과 내용

1 시술 전 모습

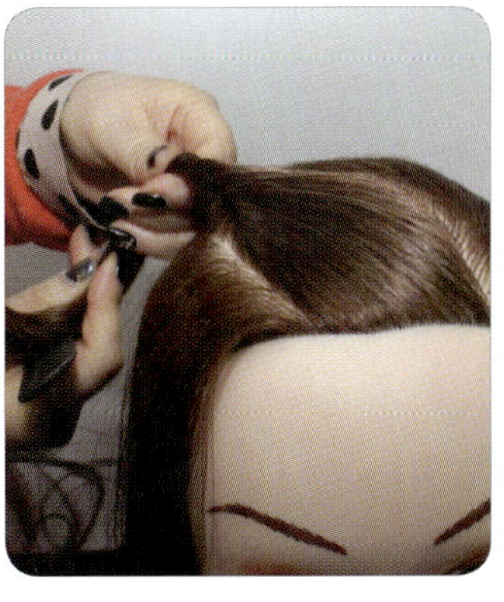

2 앞 부분 꼬기 시술

3 옆 부분 진행하면서 꼬기 시술

4 옆 부분 동일하게 시술

4 고정된 모습

6 반대편 나눔

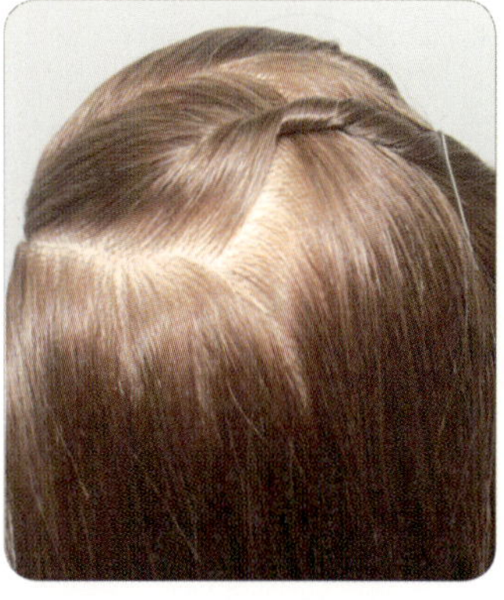

7 파팅 윗 부분 꼬아서 뒤로 넘겨 고정

8 아랫부분 꼬아서 뒤로 넘겨 고정

9 뒷부분 크게 파팅 후 꼬기 시술

10 뒷부분 크게 파팅 후 꼬기 시술

11 반대편에 위치 잡아 고정

12 고정된 모습

13 부분 모발 꼬기 시술

14 시술 후 고정

15 마지막가닥 땋기

16 끝까지 닿기

17 땋아서 고정 완성된 앞모습

18 완성된 옆모습

19 안성된 뒷모습

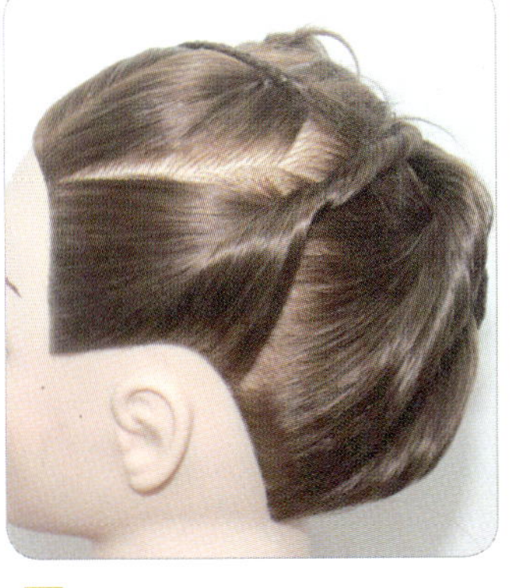

20 완성된 옆모습

21 완성된 앞무습

큐티 이미지 업스타일 시술 5

Upstyle

에스닉 이미지 업스타일

1. 에스닉이란?

에스닉(Ethnic)이란 민속 고유의 토속적인 소박함이 가미된 느낌의 이미지이다. 가운데 가르마나 옆 가르마 또는 가르마 없이 볼륨 없는 매끄러운 질감의 헤어스타일을 하여 뒤로 묶거나 자연스럽게 흘러내리는 긴 머리의 스타일이다. 에스닉의 유형별 특징에서 보면 전통적이미지의 형태학적인 측면에서 두르기, 휘감기, 겹치기 등 자유로운 여밈 방식의 형태이며, 이국적 측면에서 다양한 실루엣을 표현하고, 자연적 이미지에서 자연 그대로를 재현하는 형태이며, 원시적인 특징에서의 묶기, 매기, 두르기이다. 에스닉 특징은 업 스타일에서 대표적인 것으로 땋기 기법이 있다.

2. 사용도구

업스타일 시술 도구

에스닉 이미지 업스타일 시술 1

1. 작품해석

1) 느낌 설명 : 전체적인 느낌은 민속 고유의 토속적인 소박함이 가미된 느낌이다. 다양한 실루엣을 표현하여 현대적 느낌을 살렸다.

2) 시술기법 : 전체적인 시술기법은 땋기를 이용하였다. 에스닉한 느낌을 살리기 위해 앞·옆·뒤 모두 땋기를 하고 가운데 가르마 와 이어투 이어 파팅을 한다.

3) 시술 팁 : 우리나라 고유의 땋기의 느낌으로 시술한다.

4) 응용스타일 : 묶음을 하여 한복업스타일에도 가능하고 연령층이 어린 사람에게 시술하여 에스닉한 분위기와 귀여운 이미지 연출이 가능하다.

2. 시술순서

1) 파팅

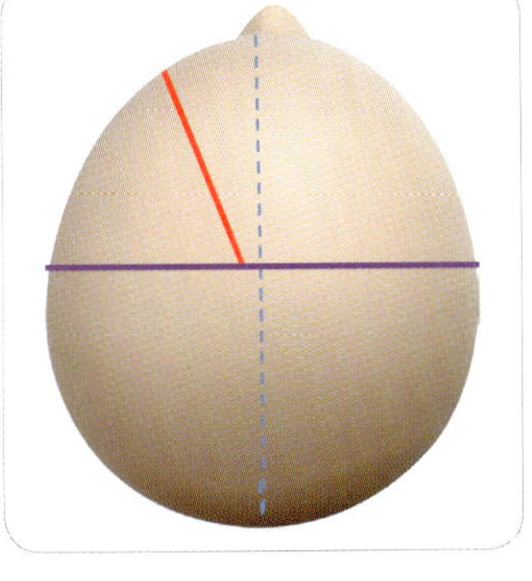

1 앞가르마 옆가르마 한다.

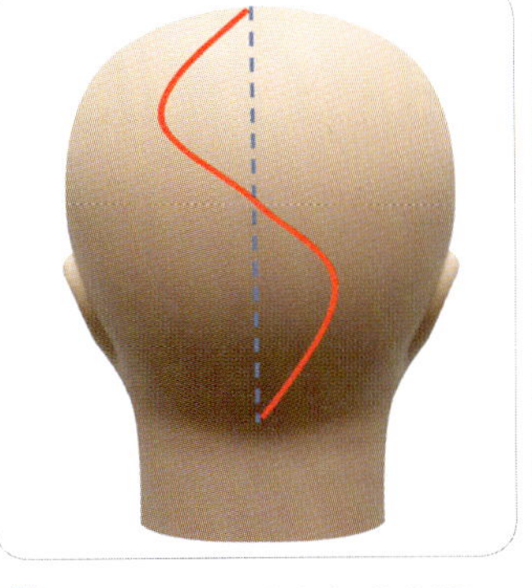

2 옆가르마를 연결하여 뒷부분을 지그재그 세로 파팅한다.

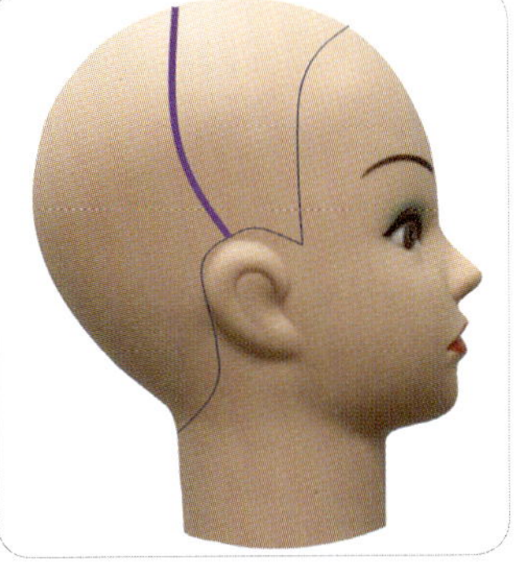

3 옆머리 파팅은 이어투이어파팅 (E.P~E.P)을 한다

2) 시술과정 사진과 내용

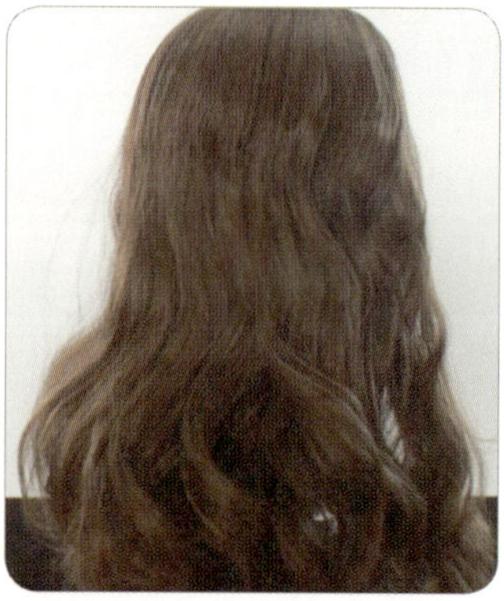

1 시술 전 모습

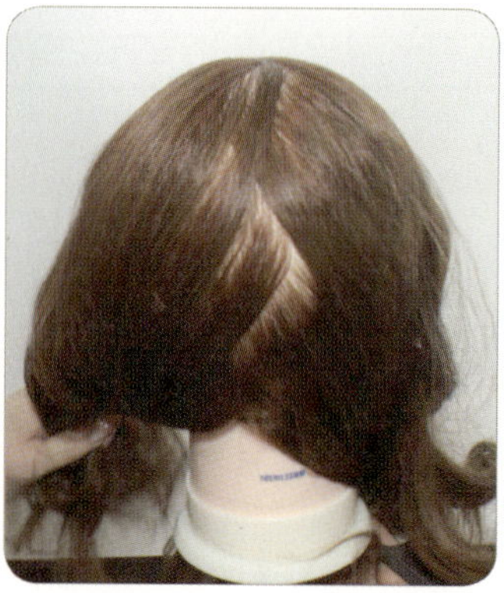

2 뒷부분 지그재그 파팅

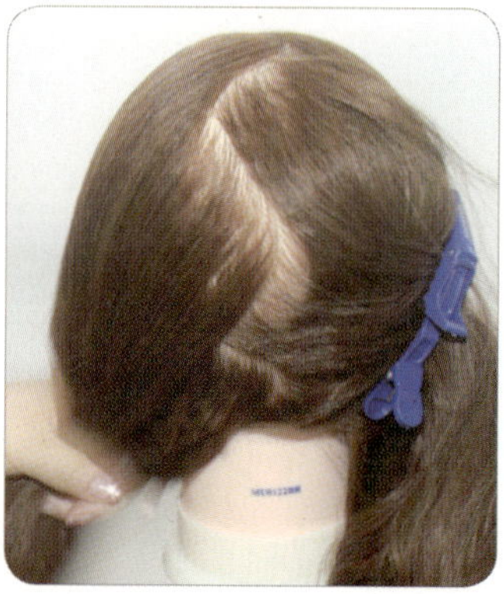

3 파팅 정리

4 옆 부분 파팅

5 섹션 나눔

6 세 가닥으로 나눔

7 땋기 시술

8 아래 머리 끌어 와 계속 이어 땋기

9 이어 땋기 시술 중

10 땋기 시술 중

11 땋기 시술 중

12 땋은 모습

13 땋기 시술 중

14 뒤부분 모발 끌어와서 계속 이어 땋기

15 이어 땋기 중

16 모선으로 이어 땋기

17 모선 이어 땋기

18 땋기 시술 중

19 땋기 시술 중

20 밑의 머리까지 가져와 계속 땋기 시술 중

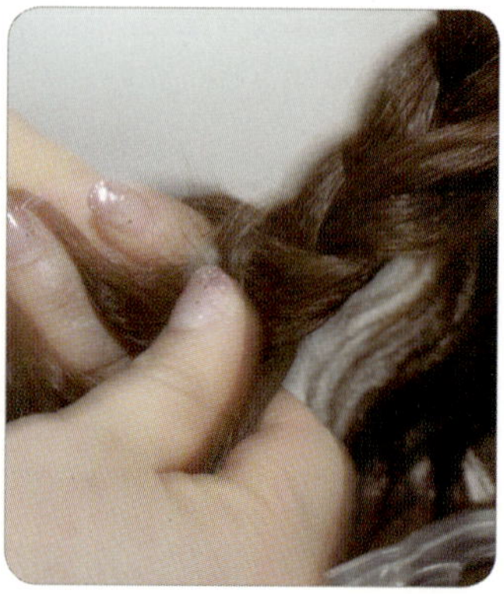

21 땋기 시술 중

22 마지막까지 땋기

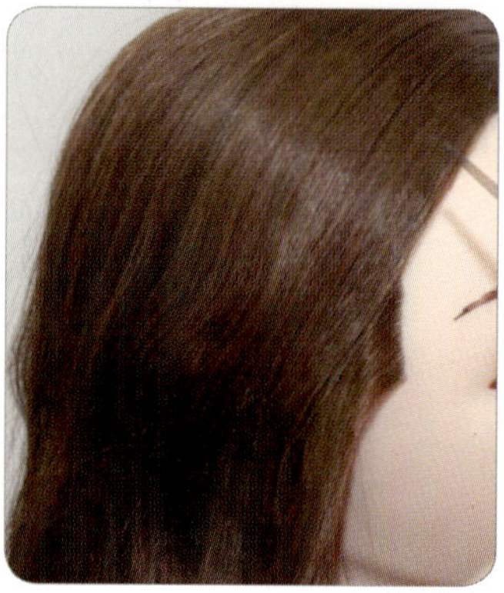

23 땋은 모습

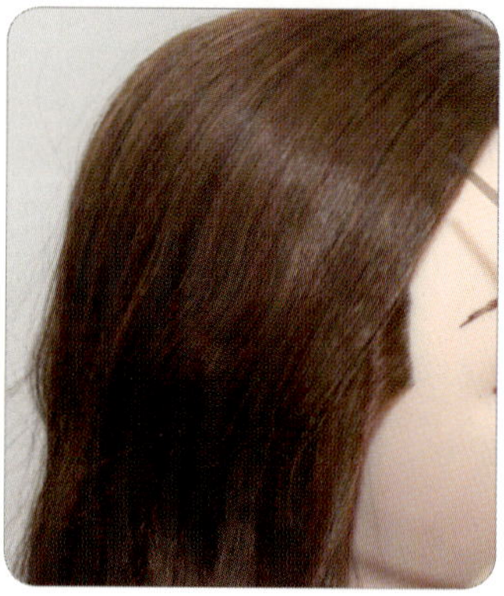

24 옆모발 저일

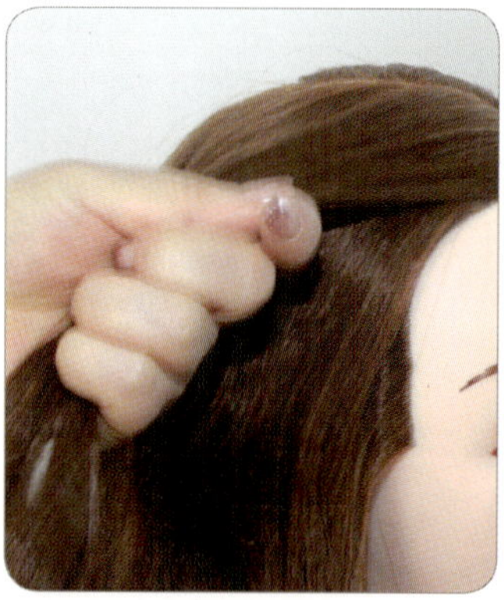

25 첫 섹션 나눔

26 땋기 시작

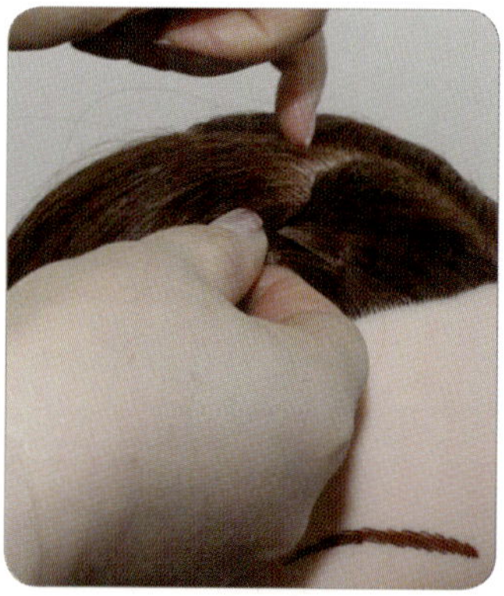

27 뒤 모발 끌어와 땋기

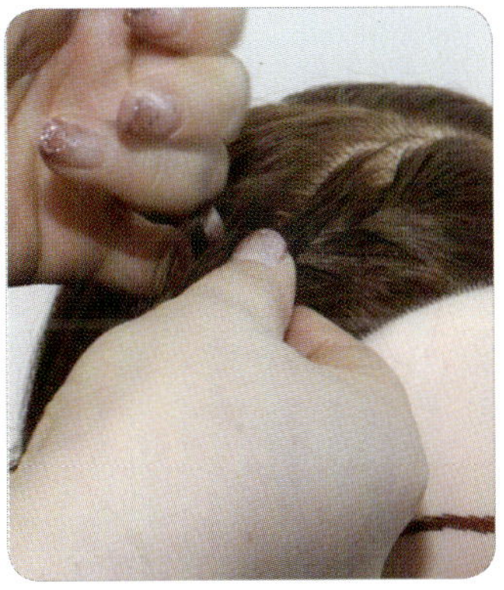
28 땋기 이어 시술

29 땋기 이어 시술

30 땋기 이어 시술

31 땋기 이어 시술

32 땋기 이어 시술

33 땋기 이어 시술

34 옆모발 땋은 모습

35 뒤 모발 땋기 시작

36 끌어와 이어 땋기 시술

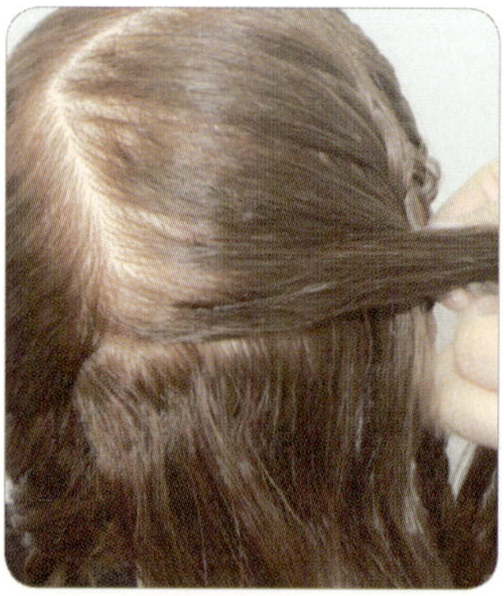

37 이어 땋기 시술 중

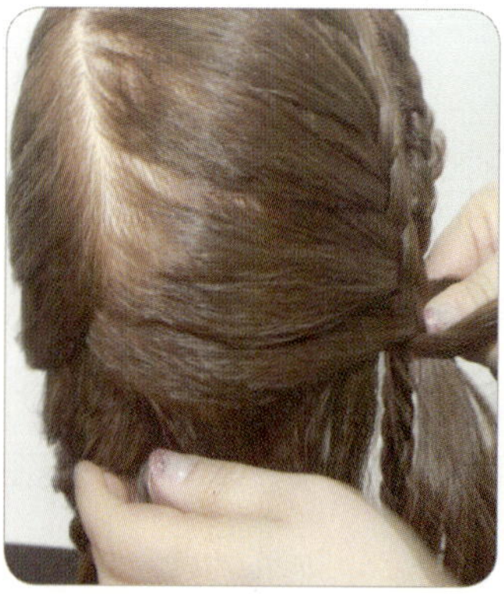

38 이어 땋기 시술 중

39 이어 땋기 시술 중

40 옆모발과 같이 잡고 땋기

41 땋기 시술 중

42 밑에 머리 당겨와 땋기 시술

43 땋기 시술 중

44 땋기 시술 중

45 끝까지 땋기

46 전체 완성된 앞모습

47 확대 완성된 앞모습

48 확대 완성된 옆모습 (응용 Ⅰ)

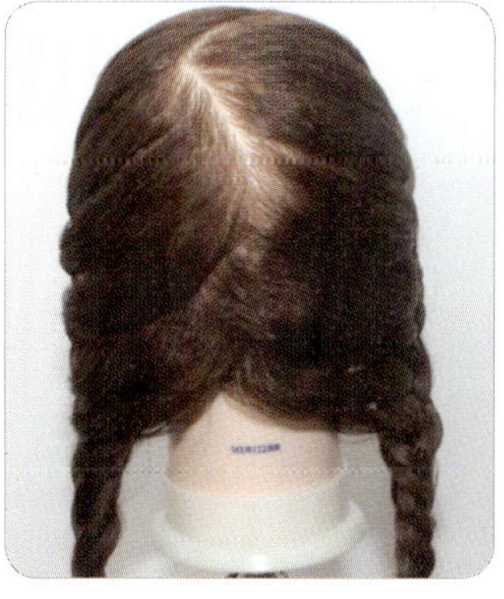

49 확대 완성된 뒷모습

50 전체 완성된 옆모습

51 확대 완성된 옆모습

52 확대 완성된 앞모습

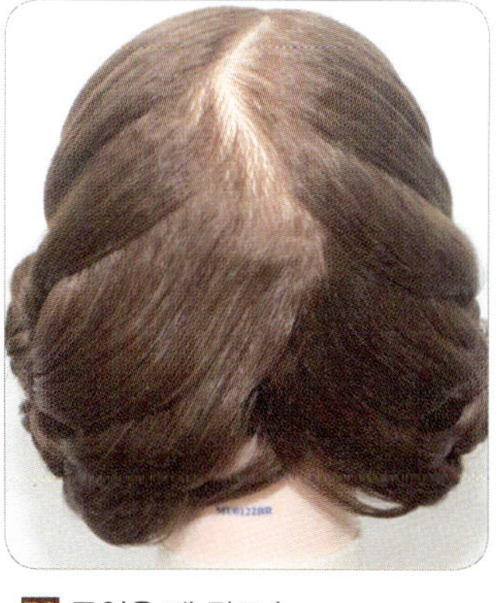

53 묶었을 때 뒷모습

54 묶었을 때 옆모습 (응용 Ⅱ)

55 묶었을 때 앞모습

56 묶었을 때 옆모습

에스닉 이미지 업스타일 1

에스닉 이미지 업스타일 시술 2

1. 작품해석

1) 느낌 설명 : 토대의 포지션이 하위 업스타일이다.

2) 시술기법 : 시술기법은 모두 매듭으로만 시술하였다. 에스닉 특징의 형태학적 측면에서 휘감기의 여밈 방식으로 시술하였으며 모발의 길이가 길수록 형태의 면이 잘 살아난다.

3) 시술 팁 : 시술 방법에 따라 간단하면서 어려보이는 효과가 있다.

4) 응용스타일 : 연령층이 낮은 신부의 한복업스타일에도 가능하지만 개량 한복이나 여름의 에스닉한 원피스복에 가능한 연출이다.

2. 시술순서

1) 파팅

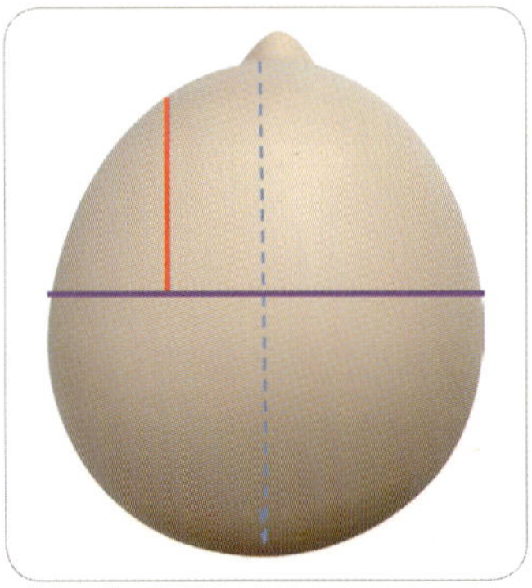

1 파팅은 이어투이어파팅(E.P~E.P)을 한다.

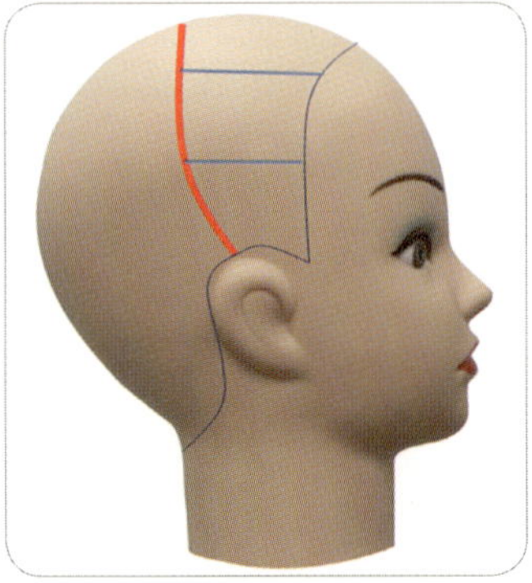

2 옆머리 부분 부분 파팅한다.

2) 시술과정 사진과 내용

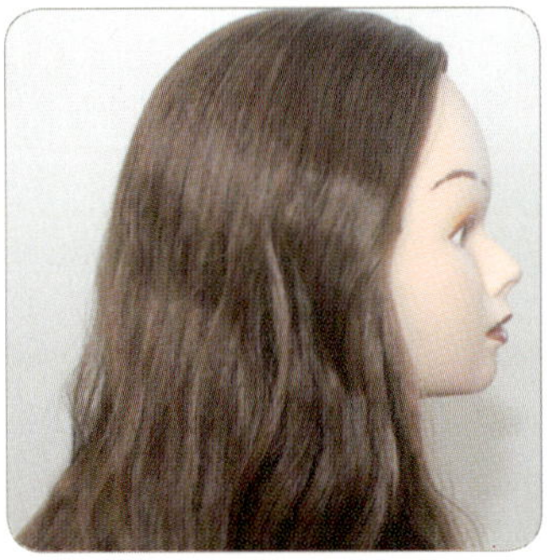

1 시술 전 모습

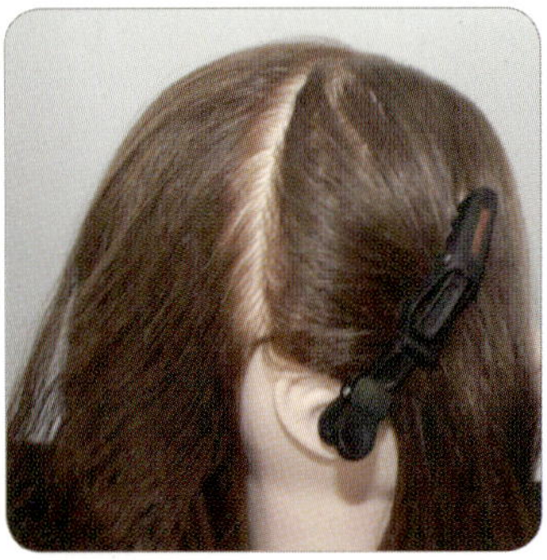

2 옆모발 이어투 이어 파팅

3 파팅 후 뒤 모발 빗질 정리

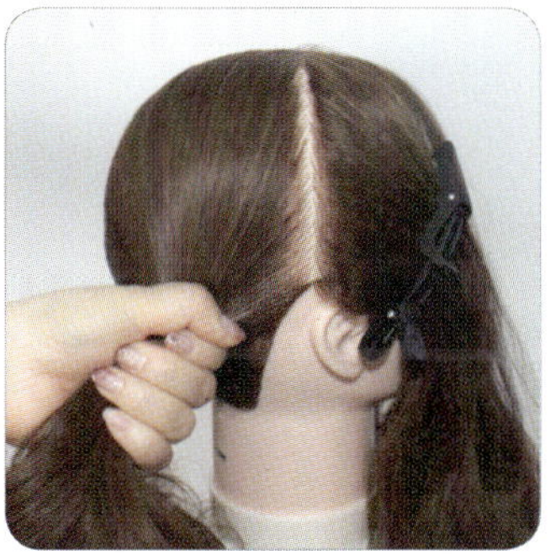

4 오른쪽 네이프 부분에 토대 위치 잡음

5 고무줄로 고정

6 고정된 모습

7 토대 부분 부분 파팅

8 파팅 된 부분 매듭 시술

9 다음 부분 나눔

10 매듭 후 고정

11 다음 부분 나눔

12 매듭 후 고정

13 다른 부분 매듭

14 매듭 고정

15 마지막 부분 매듭

16 매듭 고정

17 앞 모발 파팅

18 파팅 후 매듭

19 두 번째 매듭 시술

20 세 번째 매듭 시술

21 다음 부분 빗질 정리

22 동일한 방법으로 시술

23 시술 후 고정 위치 잡음

24 고정

25 빈대 옆모발 빗질 정리

26 매듭 시술

27 매듭 시술

28 매듭 후 정리

29 앞에서 본 모습

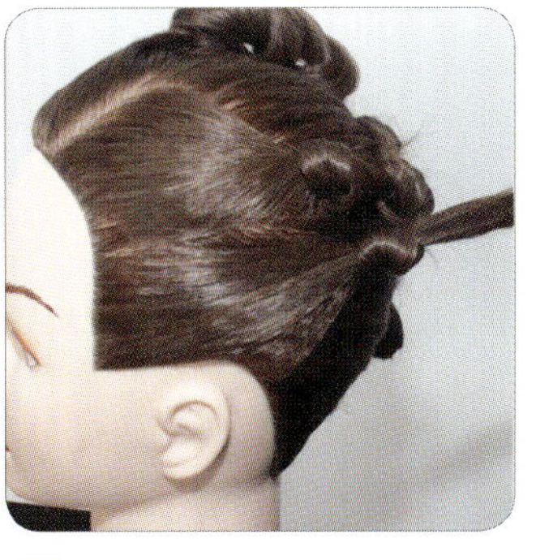

30 마무리 땋기

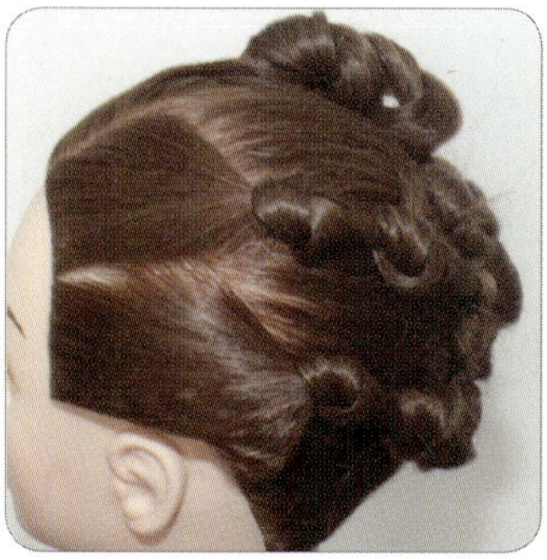

31 완성된 옆모습

32 완성된 뒷모습

33 완성된 뒷모습

34 완성된 옆모습

35 완성된 앞모습

36 완성된 옆모습

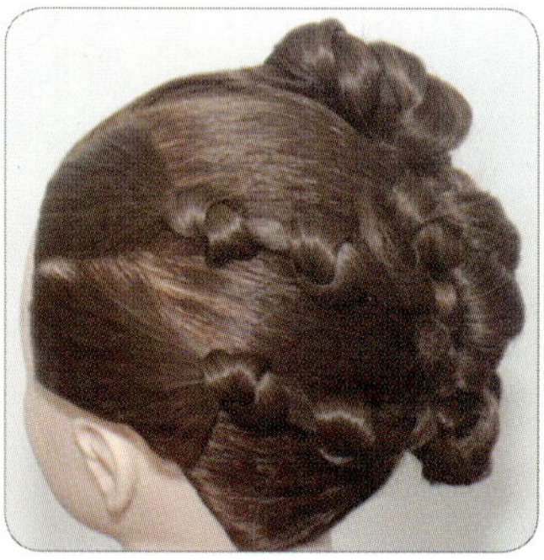

37 완성된 옆모습

에스닉 이미지 업스타일 2

에스닉 이미지 업스타일 시술 3

1. 작품해석

1) 느낌 설명 : 민속 고유의 토속적인 소박함을 강조한 스타일이다.

2) 시술기법 : 전체적으로 땋기로만 시술하였다. 간단한 시술방법이지만 사이드의 두 갈래 땋기로 개성을 주었다.

3) 시술 팁 : 어린 연령층에 적당한 스타일이고 시술시 조심해야 할 것은 모발의 양을 고려해 시술하여야 한다.

4) 응용스타일 : 심플함을 좋아하는 젊은 층의 한복업스타일에 적당하다.

2. 시술순서

1) 파팅

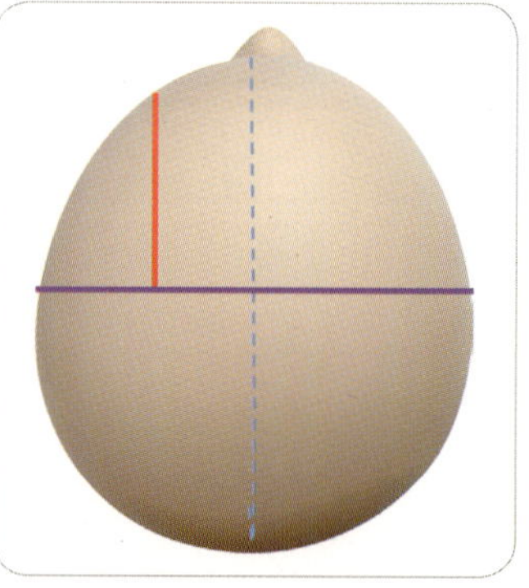

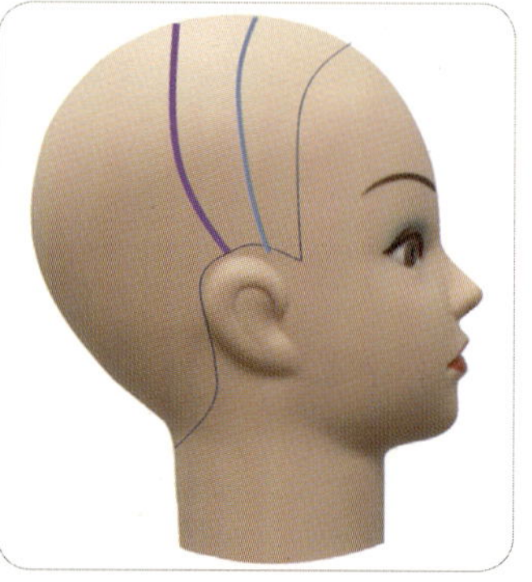

파팅은 이어투이어파팅(E.P~E.P)을 한다.

2) 시술과정 사진과 내용

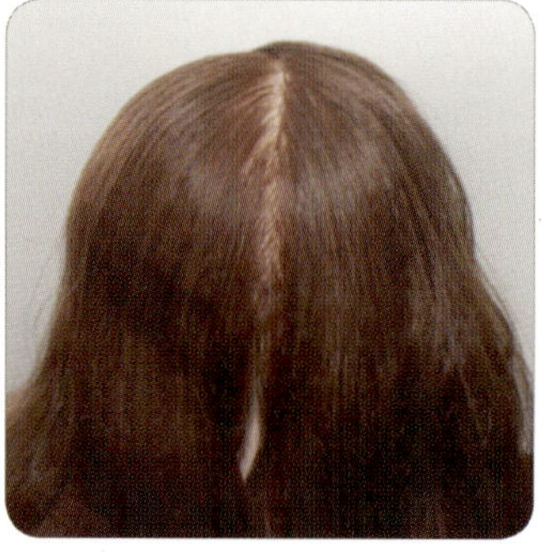

1 옆모발 이어투 이어 파팅

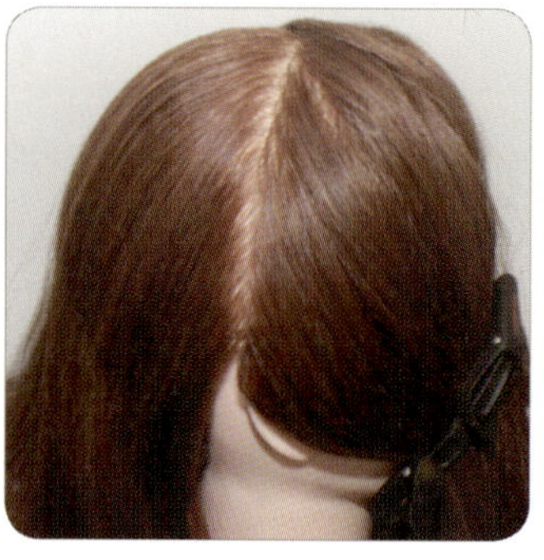

2 파팅 후 고정

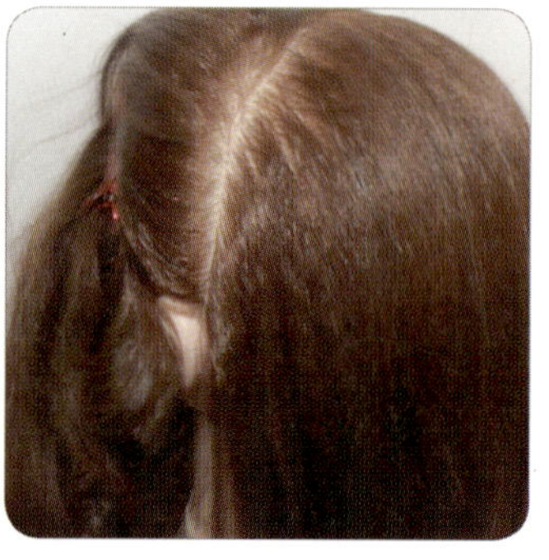

3 반대편 파팅 후 고정

4 뒷부분 빗질 정리

5 토대 위치 잡음

6 고무줄로 고정

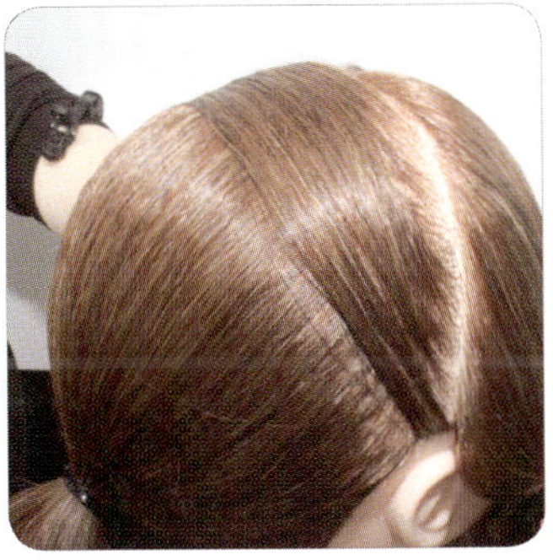

7 앞부분 모발 파팅

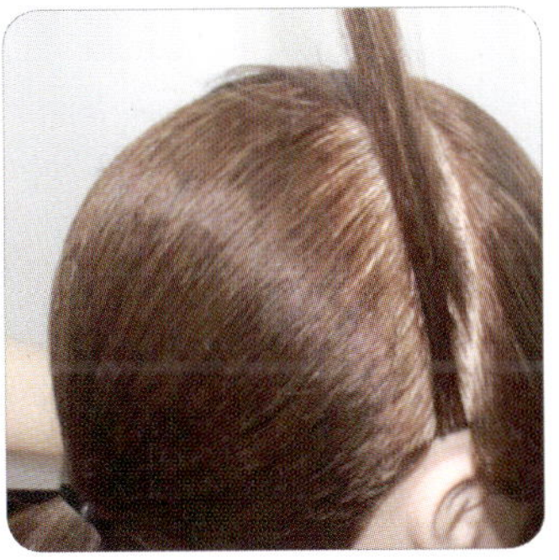

8 정리 함

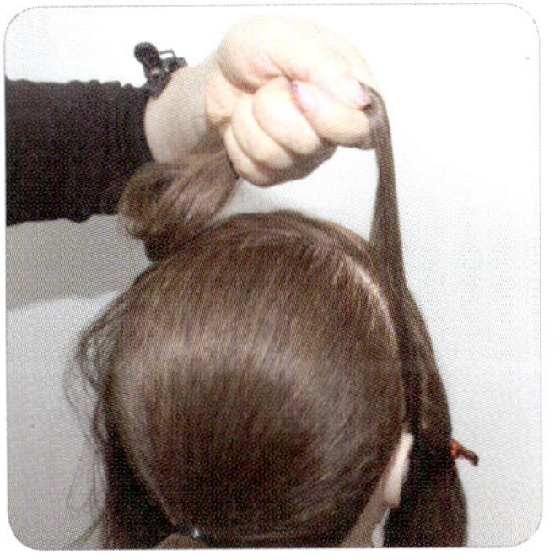

9 90도 방향으로 들음

10 세가닥 땋기 시작함

11 땋기 시술

12 땋기 시술 진행

13 땋기 시술 진행

14 땋기 시술 진행

15 땋기 시술 진행

16 땋기 시술 진행

17 땋은 모습

18 앞에서 본 모습

19 앞부분 빗질 정리

20 세가닥 나뉘기

21 땋기 시작

22 땋기 시술 진행

23 땋기 시술 진행

24 땋기 시술 진행

25 땋기 시술 진행

26 땋기 시술 진행

27 땋기 시술 진행

28 땋기 시술 진행

29 땋기 시술 진행

30 땋기 시술 진행

31 땋은 앞모습

32 땋은 뒷모습

33 토대 나뉘기

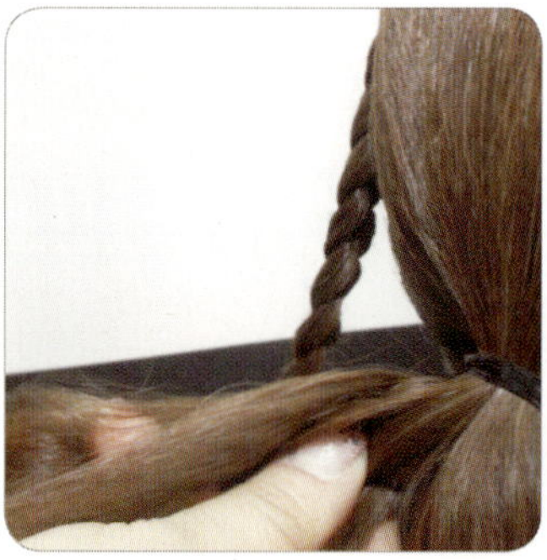

34 나뉜 부분 땋기

35 땋기 진행

36 땋기 진행

37 다른 부분 땋기

38 땋기 진행

39 땋기 진행

40 땋기 진행

41 땋은 부분 토대주위 둘러서 모양 만듬

42 고정 함

43 고정된 모습

44 앞 땋은 모발 뒤로 가져와 정리 고정

45 정리 고정 된 모습

46 마무리

47 핀 마무리

48 완싱된 옆모습

49 완성된 뒷모습

50 완성된 옆모습

51 완성된 앞모습

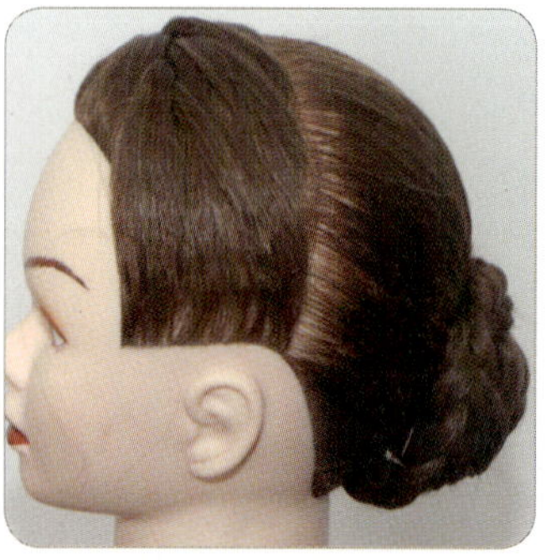

52 다르게 표현된 옆모습

53 다르게 표현된 옆모습

에스닉 이미지 업스타일 3

에스닉 이미지 업스타일 시술 4

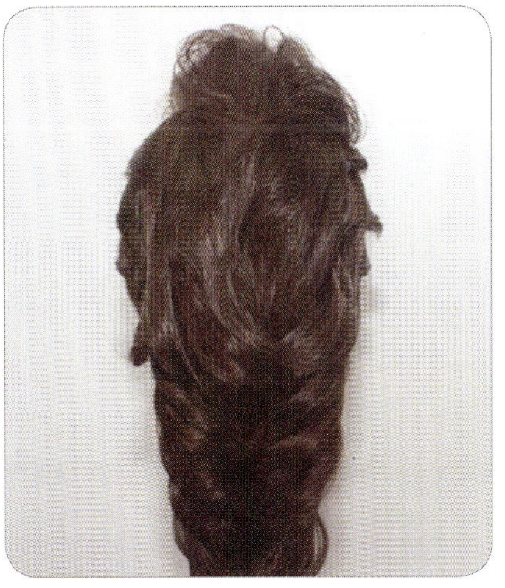

1. 작품해석

1) **느낌 설명 :** 에스닉의 자연적 이미지이며 자연스럽게 흘러내리는 긴머리의 특징을 그대로 살려 업스타일에 시술하였다.

2) **시술기법 :** 원시적 특징인 묶기, 메기, 두루기의 느낌을 살려 다양한 실루엣을 연출하였다.

3) **시술 팁 :** 앞머리의 볼륨 조절로 얼굴형을 고려한다.

4) **응용스타일 :** 젊은 층의 원피스 차림에 어울리는 스타일, 친구의 결혼식이나 연주회에 적절한 스타일이다.

2. 시술순서

1) 파팅

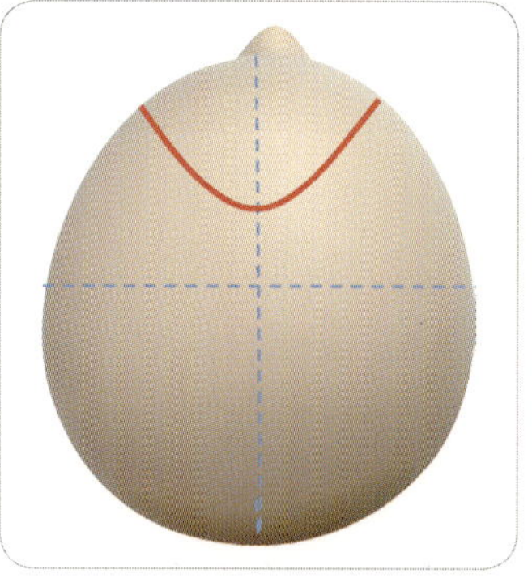

1 앞머리(프렌지)부분 파팅한다.

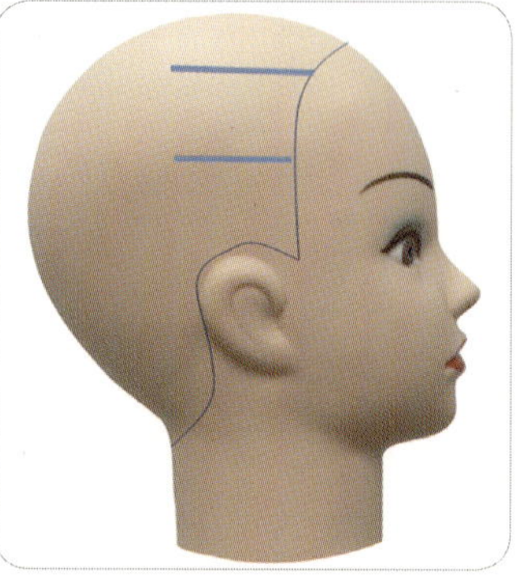

2 옆머리 부분 파팅한다.

2) 시술과정 사진과 내용

1 시술 전 모습

2 앞 모발 나눔

3 앞 모발 백코밍

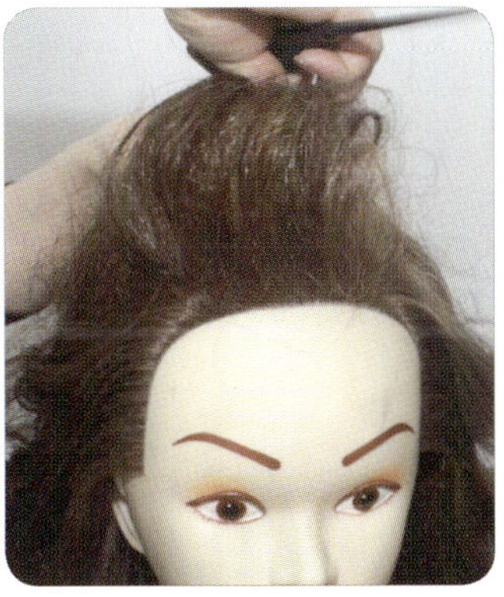

4 앞 모발 볼륨감 형성

5 옆모발 섹션 나눔

6 옆모발 꼬아서 고정

7 아래 모발 꼬아서 고정

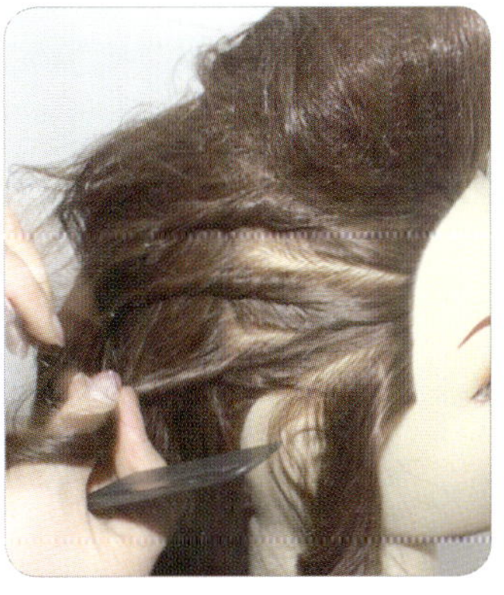

8 다음 모발 꼬아서 고정

9 다음 모발 꼬아서 고정

10 반대편 모발 꼬기

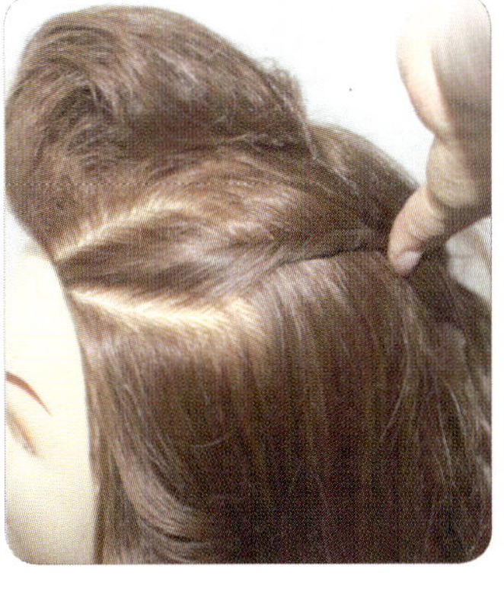

11 꼬아서 고정

12 다음 모발 꼬아서 고정

13 다음 모발 꼬아서 고정

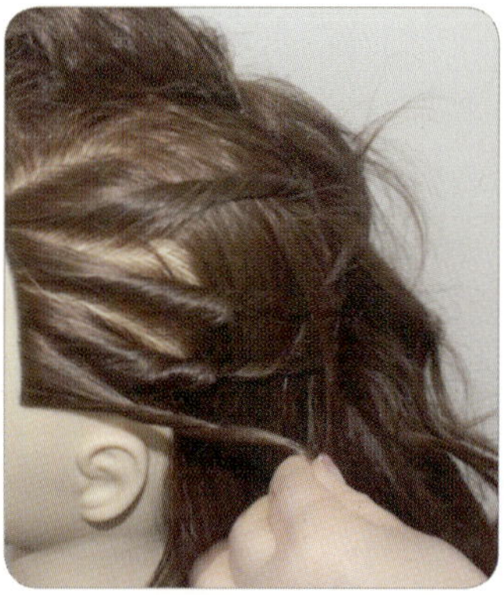

14 다음 모발 꼬아서 고정

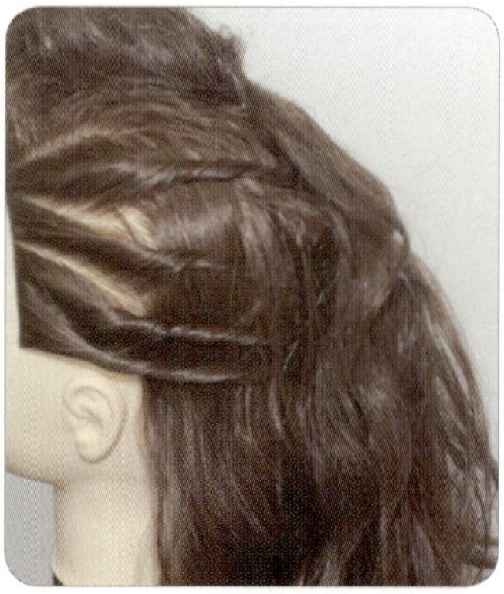

15 다음 모발 꼬아서 고정

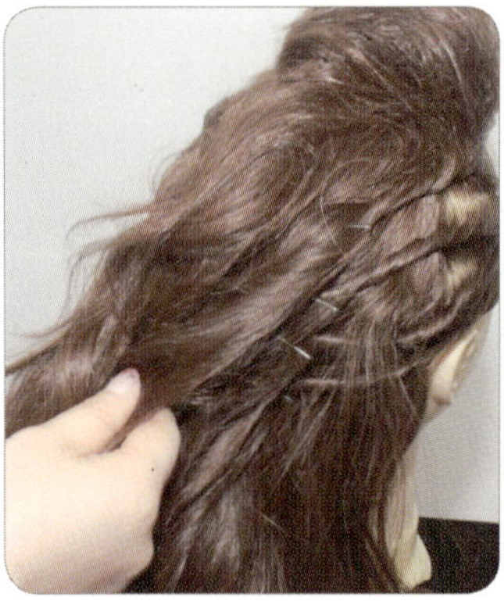

16 양 옆 꼰 모발 뒤로 당김

17 당겨서 땋기 시작 함

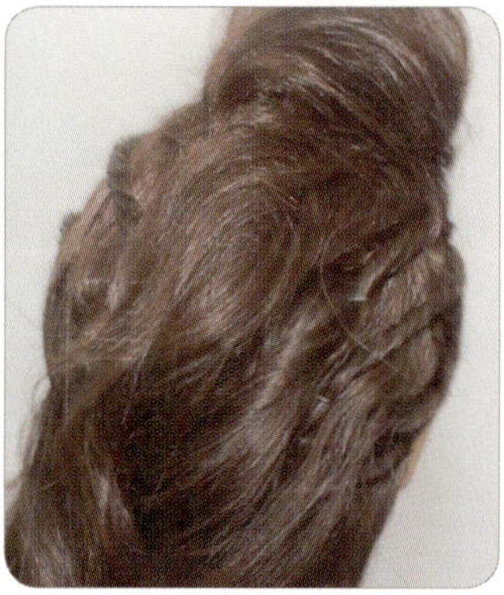

18 땋기 이어 감

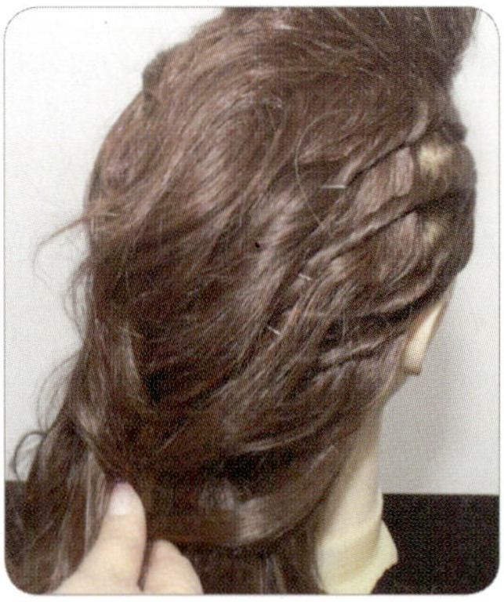

19 모선으로 가면서 계속 땋기 시작함

20 땋기 진행

21 땋기 진행

22 밑에 모발 가져와 땋기 진행

23 밑에 모발 가져와 땋기 진행

24 밑에 모발 가져와 땋기 진행

25 모선까지 가져와 땋기 진행

26 마무리

27 확대 완성된 뒷모습

28 확대 완성 뒷모습

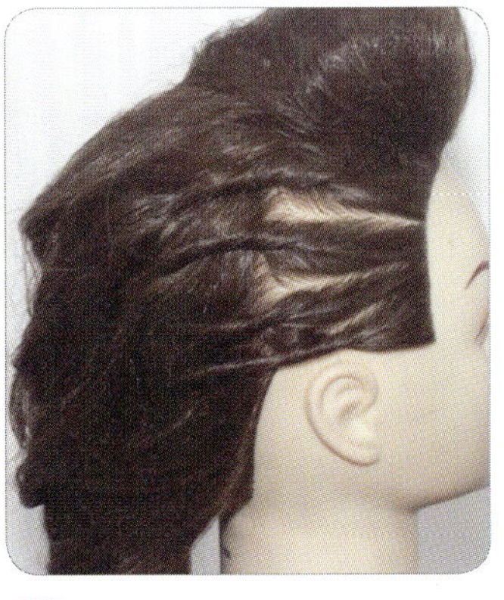

29 확대 완성 옆모습

30 전체 안성 옆모습

31 확대 완성 앞모습

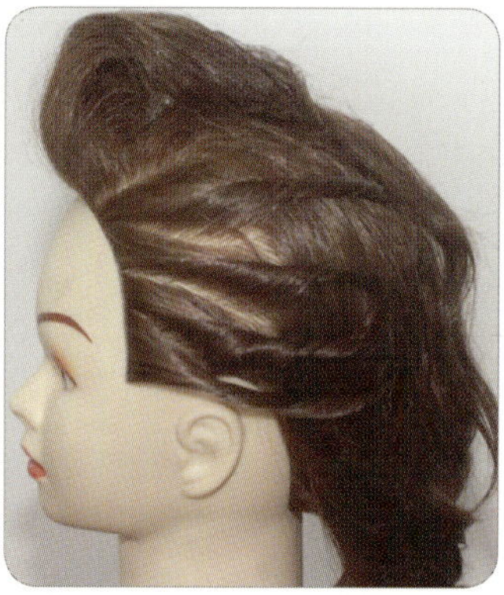

32 확대 옆모습

33 전체 완성 옆모습

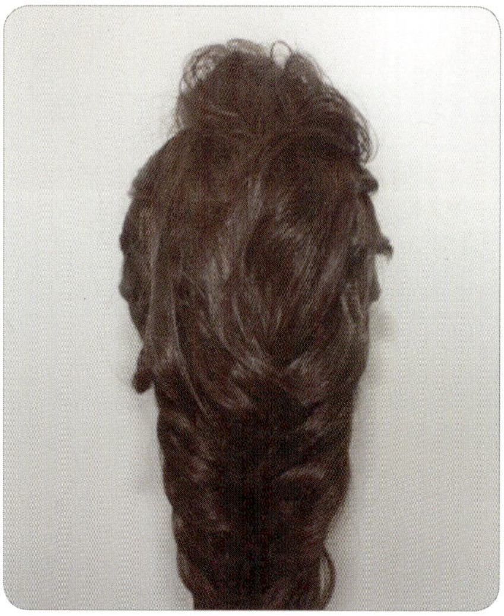

34 전체 완성 뒷모습

에스닉 이미지 업스타일 4

chapter 07

아르누보+아방가르드 업스타일

practical up-style

Upstyle

아르누보 업스타일

1. 아르누보란?

아르누보(art nouveau)란 '아르누보'는 영국·미국에서의 호칭이다. 아르누보의 전성기는 1895년경부터 약 10년 간이였다. 지금까지 사고방식이나 표현방식으로는 급변해가는 새로운 시대에 적응할 수 없으므로 새로운 가치와 의미를 지닌 형태를 발견해야 한다고 생각했고, 그리하여 나타난 예술운동이 아르누보였다. 아르누보 특징은 덩굴풀이나 담쟁이 등 식물의 형태를 연상하게 하는 유연하고 유동적인 곡선과, 파상(波狀)·곡선·당초무늬[唐草文] 또는 화염(火焰)무늬 형태 등 특이한 장식성을 자랑했고, 유기적이고 움직임이 있는 모티브를 즐겨 좌우상칭(左右相稱)이나 직선적 구성을 피했다. 이와 같이 아르누보 양식에 보인 장식적인, 자연주의적, 곡선적인요소, 및 여성적인 요소의 표현들이다. 즉 아르누보 양식에 나타난 특징들을 종합해 본 결과 상징적 아르누보인 유기적인 곡선과 자연적 모티브, 구성적 아르누보인 비대칭적인 구조, 신비적 아르누보인 부드러우면서 밝고 은은한 색조라고 분류할 수 있다. 감성 이미지에서 보면 엘레강스 로맨틱이미지의 표현과 비슷하다고 하겠다.

2. 사용도구

업스타일 시술 도구

아르누보 이미지 업스타일 시술 1

1. 작품해석

1) 느낌 설명 : 곡선을 강조하여 움직임이 느껴지는 웨이브를 강조하여 자연의 느낌을 만든다.

2) 시술기법 : 웨이브의 리지감을 강조한다. 굵은 꼬기로 시술 한다.

3) 시술 팁 : 모발의 길이가 길수록 자연스럽게 표현된다.

2. 시술순서

1) 파팅

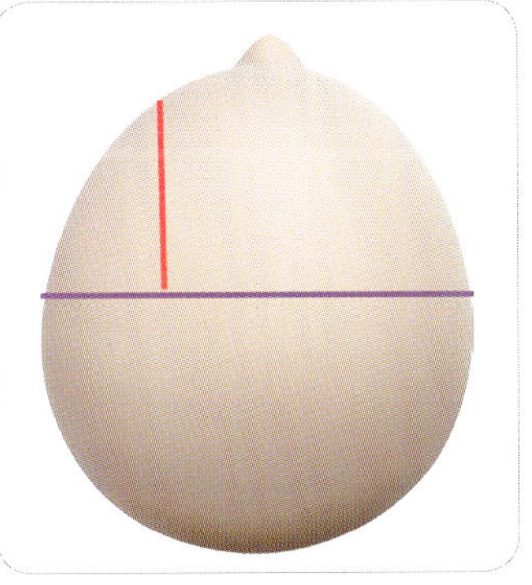

1 시술전에 매직기로 웨이브를 만들어 놓는다.

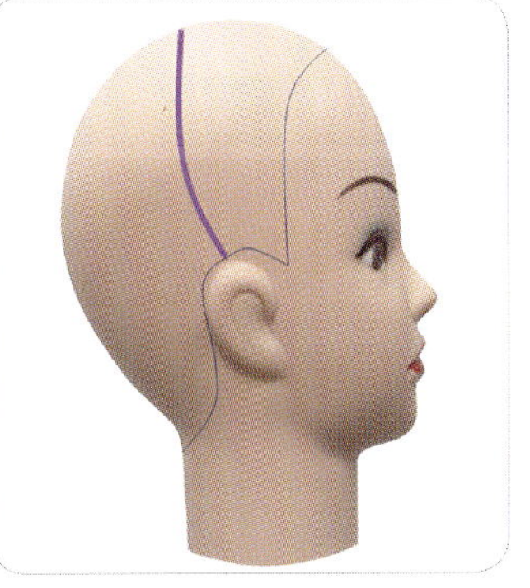

2 파팅은 이어투이어파팅(E.P~E.P)을 한다.

2) 시술과정 사진과 내용

1 매직기로 웨이브 형성

2 매직기 시술

3 매직 시술 후

4 뒷모습

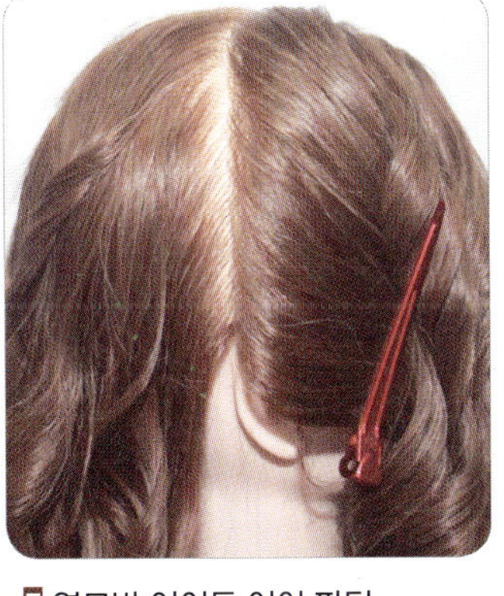

5 옆모발 이어투 이어 파팅

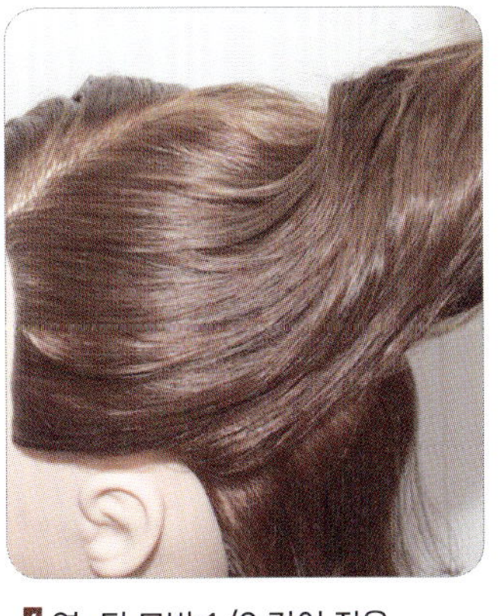

6 옆, 뒤 모발 1/2 같이 잡음

7 잡아서 토대 위치 잡아 고정

8 아래 부분 토대주변으로 당김

9 고정

10 끝처리 모양 만듬

11 고정시킴

12 뒷모습

13 반대편 모발 토대위치로 당김

14 고정시킴

15 옆모발 뒤로 당김

16 고정 후 앞 모습

17 웨이브 마무리

18 완성된 앞모습

19 완성된 옆모습

20 액세서리 완성 앞모습

21 액세서리 완성 옆모습

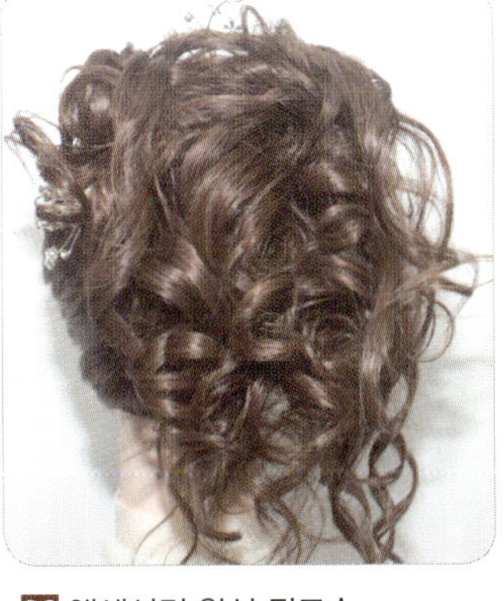

22 액세서리 완성 뒷모습

23 액세서리 완성 옆모습

아르누보 이미지 업스타일 시술 1

아르누보 이미지 업스타일 시술 2

1. 작품해석

1) 느낌 설명 : 유기적 곡선을 살린 느낌으로 한복, 드레스에 어울리는 스타일이다.

2) 시술기법 : 두 가닥 땋기 느낌으로 겹치기로 표현한다.

2. 시술순서

1) 파팅

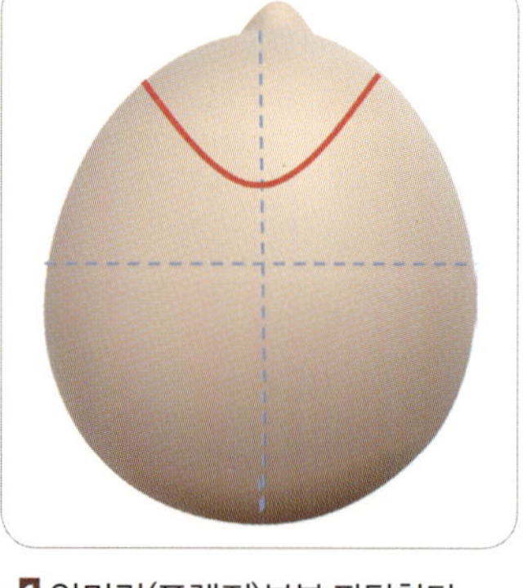

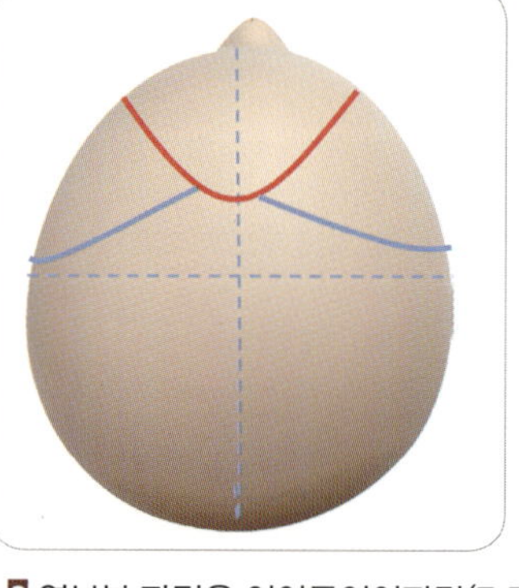

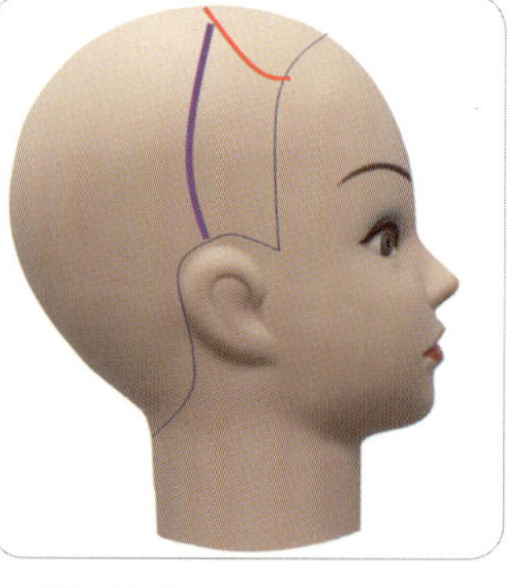

1 앞머리(프렌지)부분 파팅한다.

2 옆부분 파팅은 이어투이어파팅(E.P~E.P)을 한다.

2) 시술과정 사진과 내용

1 시술 전 앞 모습

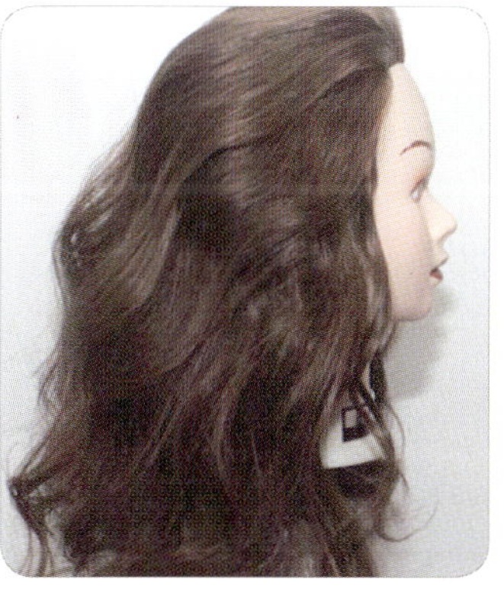

2 시술 전 옆모습

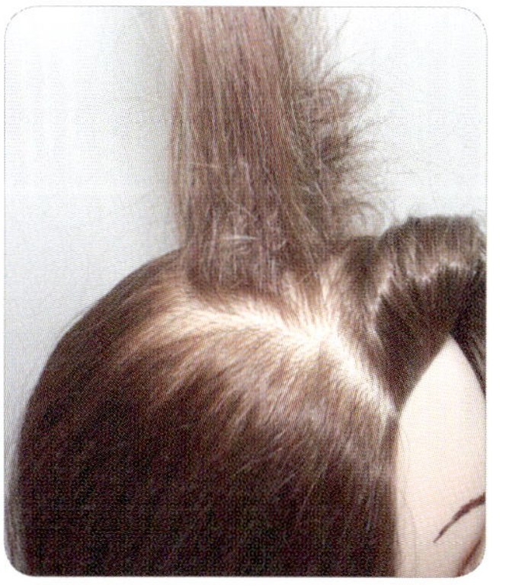

3 앞부분 파팅 후 탑부분 백코밍

4 백코밍 진행

5 앞, 탑부분 볼륨 주면서 형태 잡기

6 위치 확인 후 고정

7 핀 고정

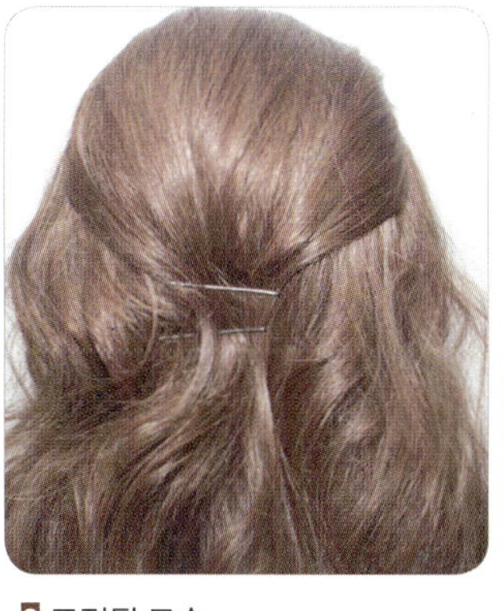

8 고정된 모습

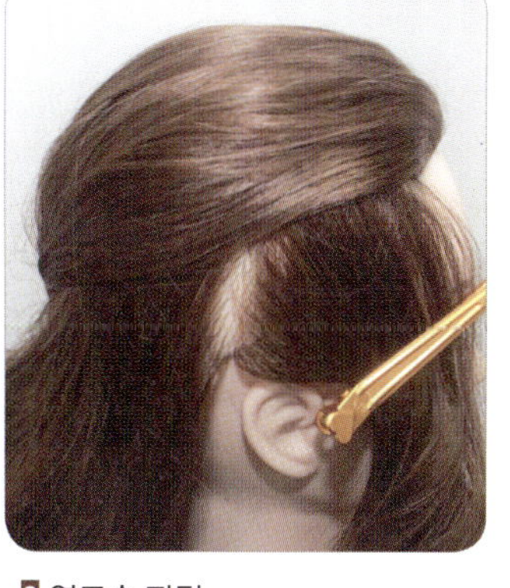

9 옆모습 파팅

10 뒷부분 모발 당겨서 땋기

11 땋기 진행

12 밑에 머리 가져와 땋기

13 계속 진행

14 땋기 진행 모습

15 땋기 진행

16 밑에 모발 가져와 땋기

17 땋기 진행

18 옆모발 꼬기

19 반대편 옆모발 정리

20 꼬기

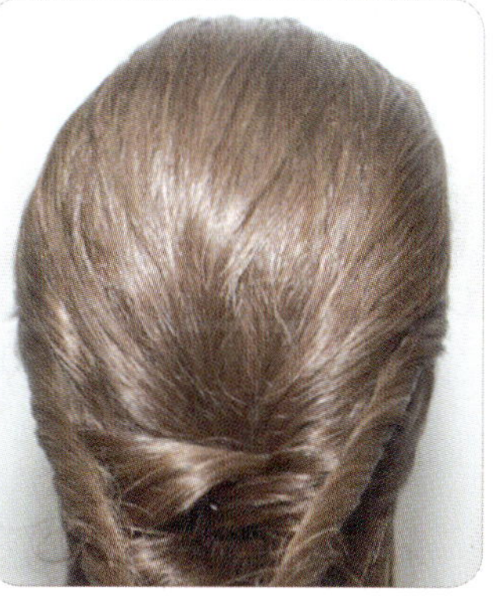

21 양 옆 꼰 모발 뒤로 당김

22 양 옆모발 꼬기 마무리

23 확대 완성된 뒷모습

24 전체 완성된 옆모습

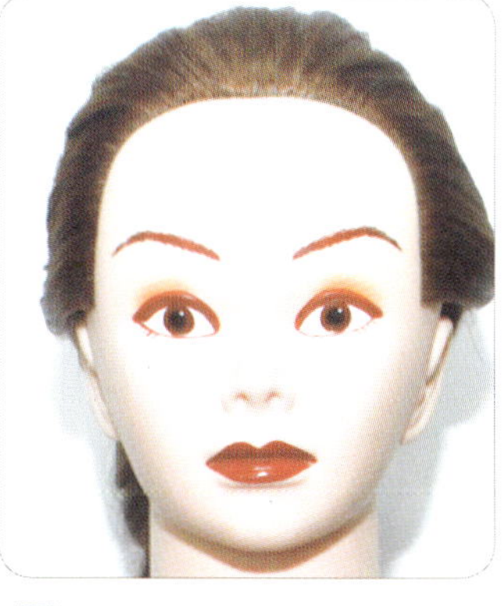

25 완성된 앞모습

26 전체 완성된 옆모습

아르누보 이미지 업스타일 시술 2

아르누보 이미지 업스타일 시술 3

1. 작품해석

1) 느낌 설명 : 아르누보의 특징을 살려 관능적이고 팜므파탈적인 분위기로 연출한다. 세미 업으로 드레스에 어울리는 스타일이다.

2) 시술기법 : 최대한 웨이브의 리지감을 강하게 하여 풍성함을 살린다.

2. 시술순서

1) 파팅

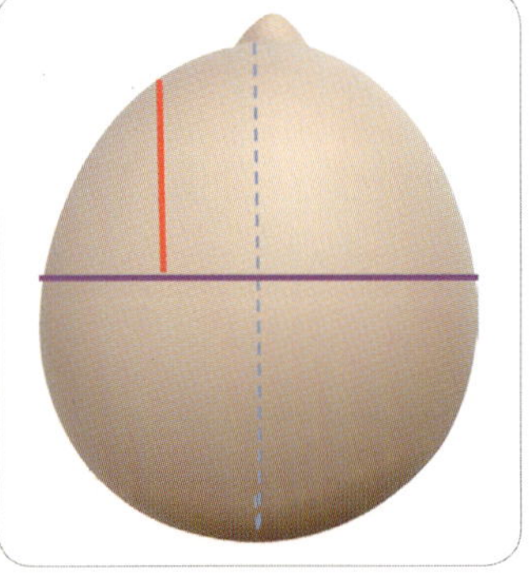

1 옆가르마 한다.

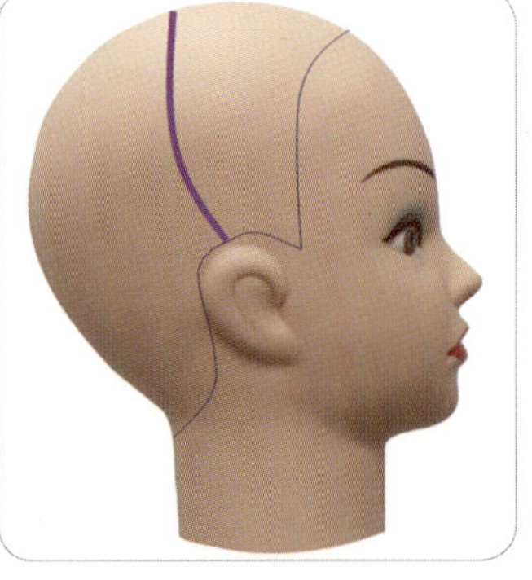

2 옆부분 파팅은 이어투이어파팅(E.P~E.P)을 한다.

2) 시술과정 사진과 내용

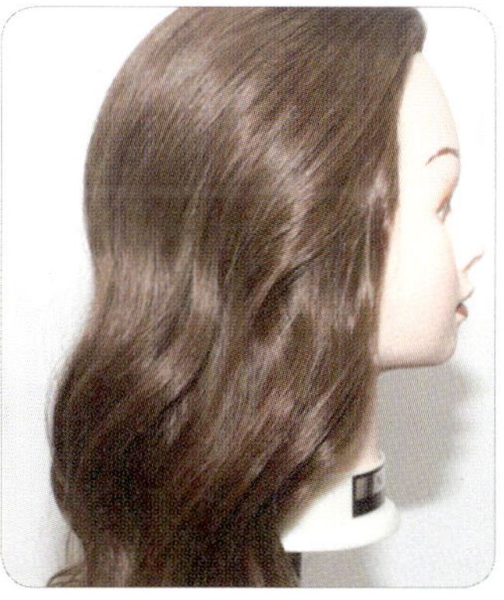

1 시줄 전 옆모습

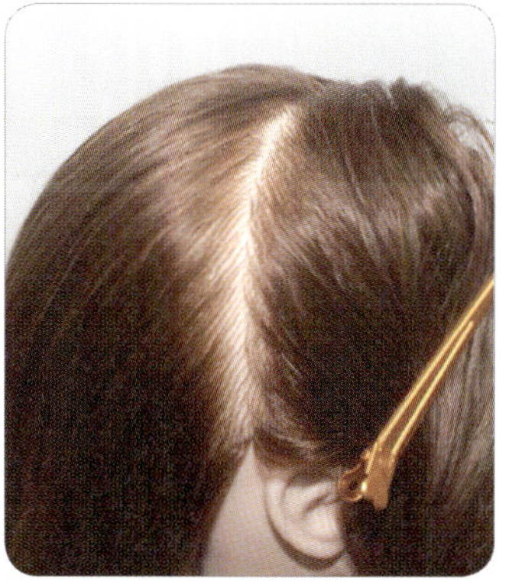

2 이어투 이어 파팅

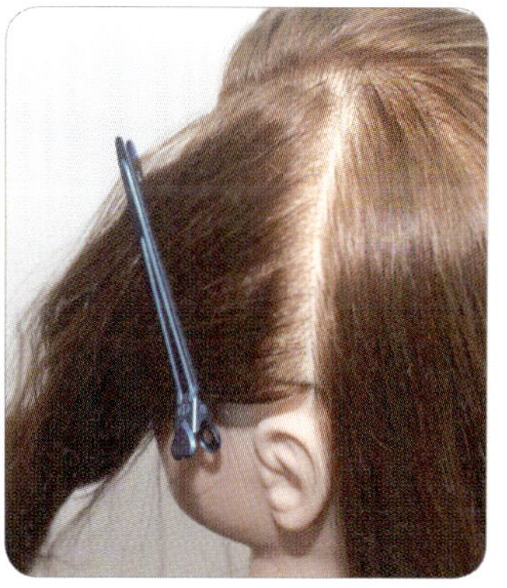

3 반대 편 파팅 후 고정

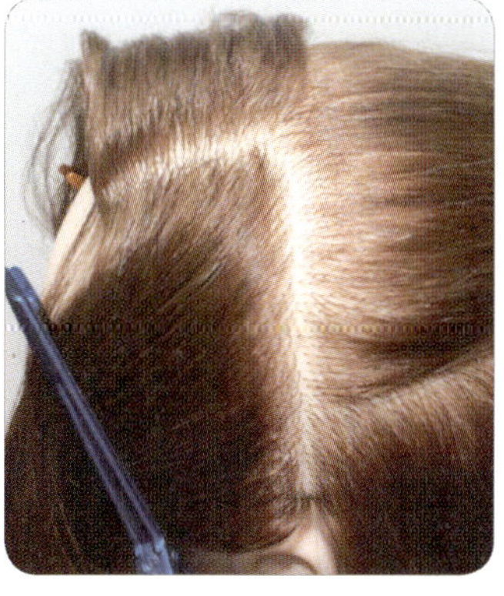

4 뒷 부분 1/2 파팅

5 뒷 부분 양모발 가져와 한번 꼬아서 고정

6 고정된 모습

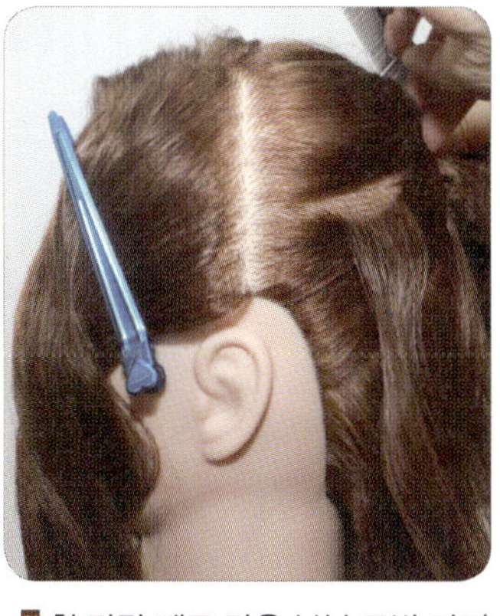

7 한 가닥 빼고 다음 부분 모발 가져와 꼬아서 고정

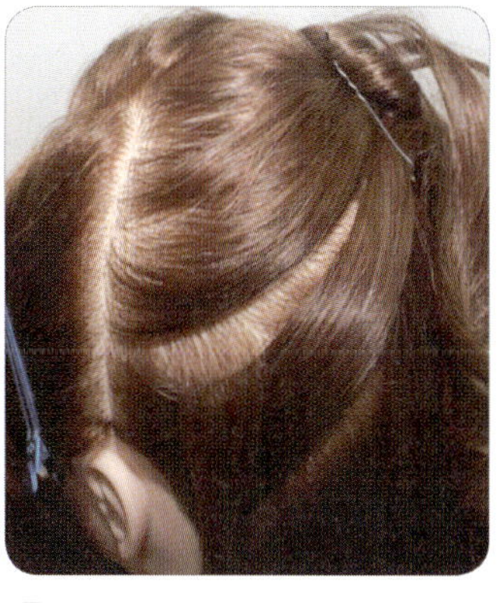

8 동일하게 시술

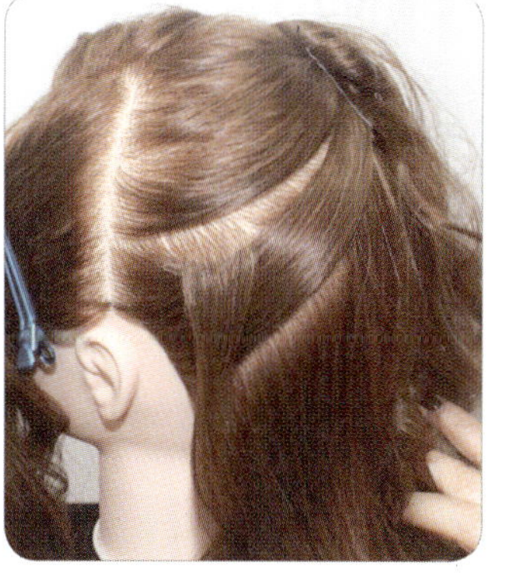

9 고정된 모습

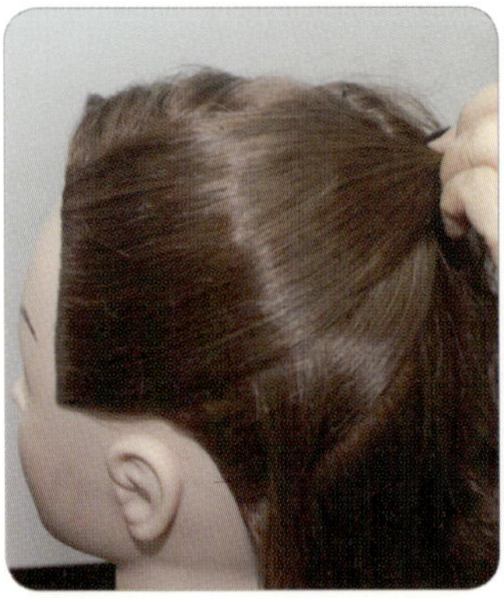

10 영 옆모발 골덴포인트 부분에 위치

11 위치 잡고 고정

12 뒷 부분 모발 골덴포인트 부분으로 당김

13 고정 후 모습

14 확대한 모습

15 앞모발 한번 틀어서 위치 잡음

16 고정 시킴

17 옆모발 정리

18 틀어서 위치 잡아 고정

19 전체 완성된 옆모습

20 확대 완성된 옆모습

21 전체 완성된 옆모습

22 확대 완성된 옆모습

23 확대 완성된 앞모습

24 확대 완성된 뒷모습

25 액세서리 옆모습

26 액세서리 앞모습

아르누보 이미지 업스타일 시술 3

아르누보 이미지 업스타일 시술 4

1. 작품해석

1) 느낌 설명 : 토대 하위 업스타일로 굵은 곡선을 표현하여 여성미를 강조하고 부드러우면서도 은은한 느낌을 디자인한다.

2) 시술기법 : 겹치기와 로프를 이용하여 시술한다.

2. 시술순서

1) 파팅

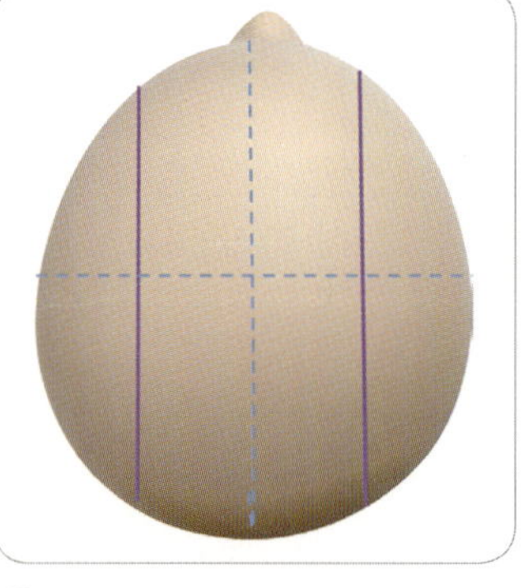

1 옆머리 프론트사이드포인트(F.S.P)까지 파팅한다.

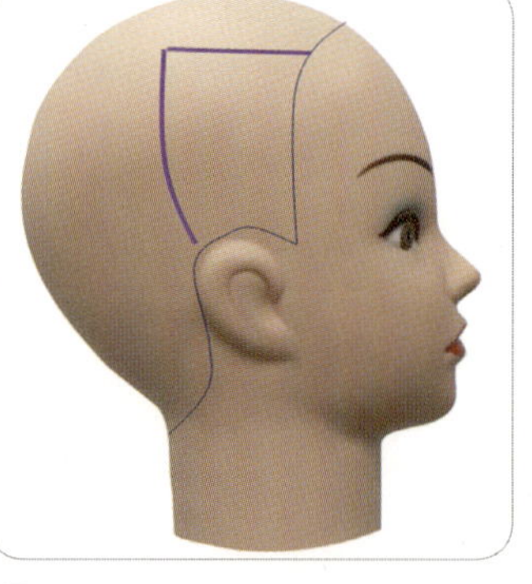

2 앞머리를 뒤도 당겨 수평 2파팅 한다.

2) 시술과정 사진과 내용

1 시술 전 모습

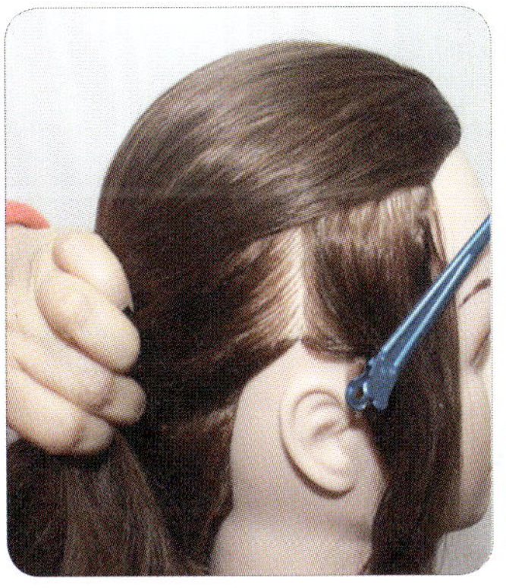

2 옆모발 부분 나눔

3 뒤 모발 1/2 파팅 후 윗부분 잡음

4 잡아서 정리

5 고무줄로 고정함

6 고정됨 모습

7 아랫부분의 한 모발 다발 나눔

8 토대로 당겨와 루프 만듬

9 고정함

10 반대편 모발 정리

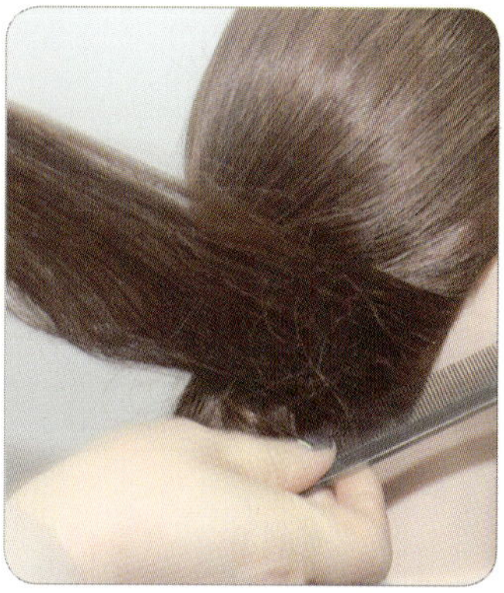

11 빗질 정리함

12 토대위치로 당겨옴

13 루프 만들어 고정

14 고정된 모습

15 옆에서 본 모습

16 아래 모발 웨이브 형성하여 고정

17 옆모발 뒤로 당김

18 루르 형 만듦

19 옆모발 고정 후 모습

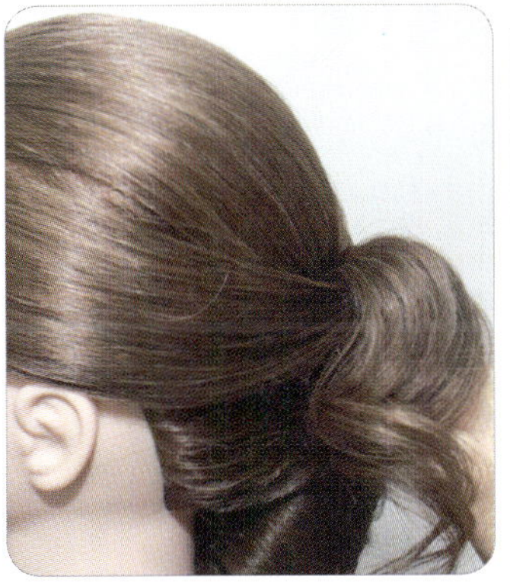

20 반대편 옆모습 틀어서 고정

21 모선 끝까지 정리

22 확대 완성 옆모습

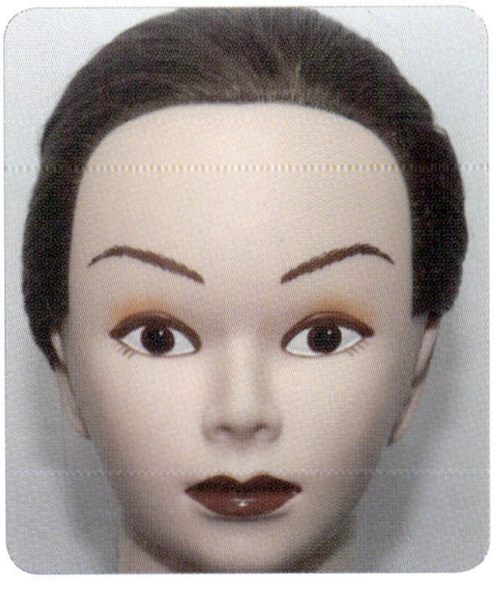

23 완성된 앞모습

24 완성된 옆모습

25 액세서리 옆모습

26 확대 액세서리 옆모습

아르누보 이미지 업스타일 시술 4

Upstyle

아방가르드 이미지 업스타일

1. 아방가르드란?

아방가르드(Avant-Garde)란 "전위"로 군대용어로서 전투할 때 선두에 서서 적진을 향해 돌진하는 부대의 뜻이다. 이것이 예술에 전용(轉用)되어 끊임없이 미지의 문제와 대결하여 이제까지의 예술개념을 일변시킬 수 있는 혁명적인 예술경향 또는 그 운동을 뜻한다.

아방가르드는 20세기 초 프랑스와 독일을 중심으로 아카데미즘에 대항하여 등장한 예술운동이며 '새로운 예술', '젊은 예술', '추상미술', '모던 스타일'등 장르와 사용자에 의해 그 쓰임이 다양하게 변하긴 했지만 보편적으로 아방가르드라는 개념은 지적 급진성을 띠는 특정한 문화적 실천을 대변하는 용어이다.

아방가르드 헤어스타일은 대중성을 무시할 실험적 요소가 강한 디자인, 유행에 앞선 독창적이고 기묘한 디자인의 헤어스타일이다.

새로운 밀레니엄에 대한 기대 등으로 테크노 스타일, 퓨처리즘과 오리엔탈리즘 스타일이 유행하였다.

2. 사용도구

업스타일 시술 도구

아방가르드 이미지 업스타일 시술 1

1. 작품해석

1) 느낌 설명 : 하위 업스타일로 볼륨에 포인트를 주어 디자인 한다. 아방가르드한 느낌은 대중성이 부족하지만 최대한 실용적 디자인을 연출한다.

2) 시술기법 : 큰 로프로 연출한다.

3) 시술 팁 : 싱을 이용하여 볼륨을 용이하게 만들고 시술시간을 단축 한다.

2. 시술순서

1) 파팅

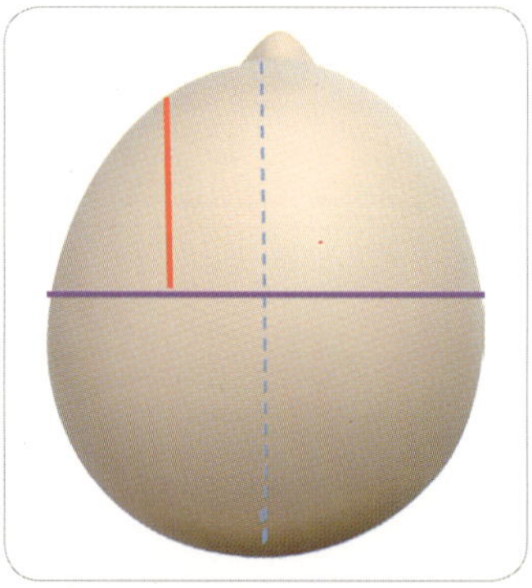

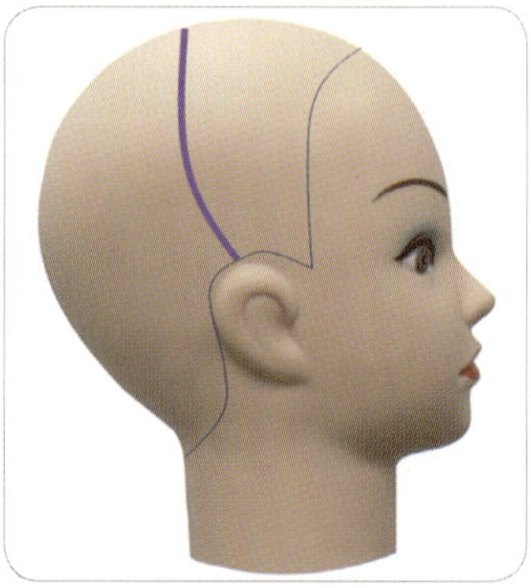

파팅은 이어투이어파팅(E.P~E.P)을 한다.

2) 시술과정 사진과 내용

1 시술 전 모습

2 모발 펴기 정리

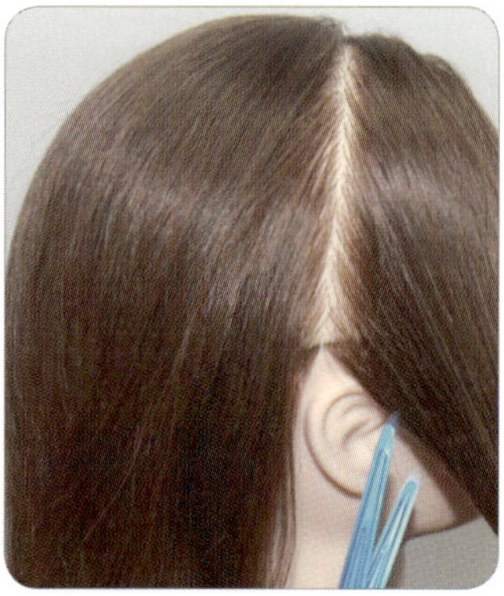

3 이어투 이어 파팅

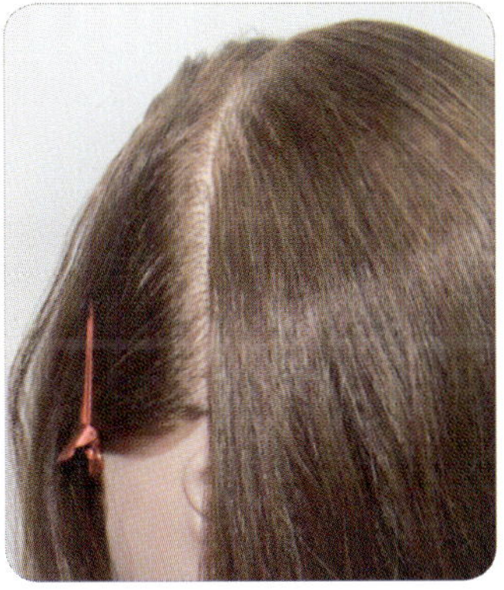

4 반대편 이어투 이어 파팅

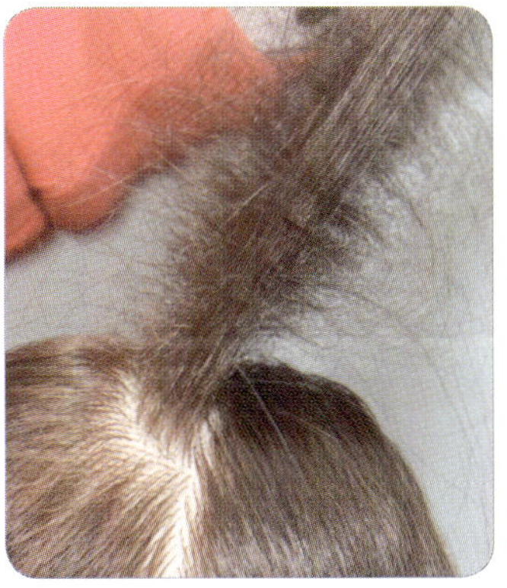

5 탑부분 백코밍

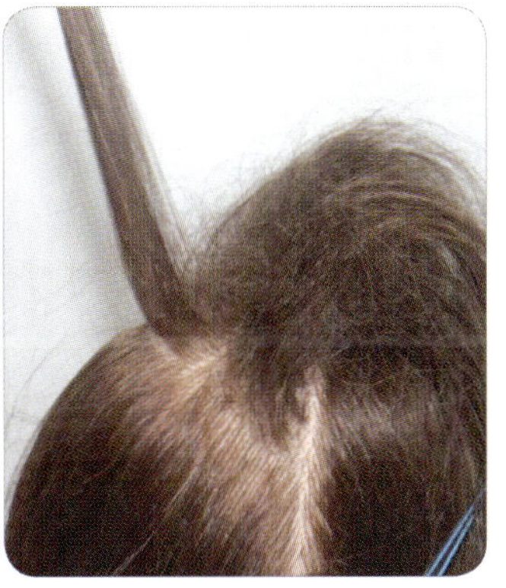

6 다음 부분 백코밍

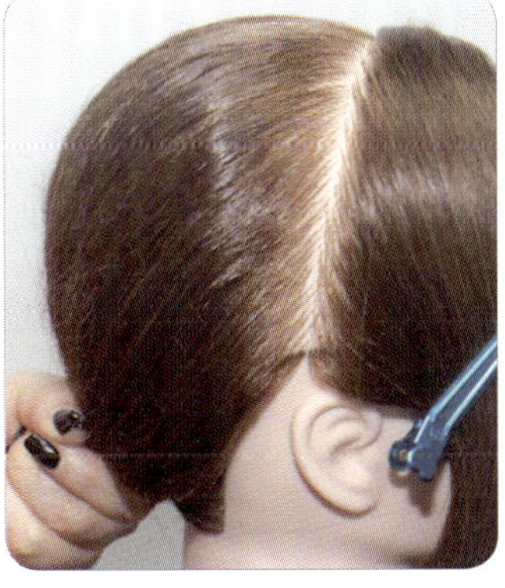

7 뒤 모발 다 잡아서 토대 위치 정함

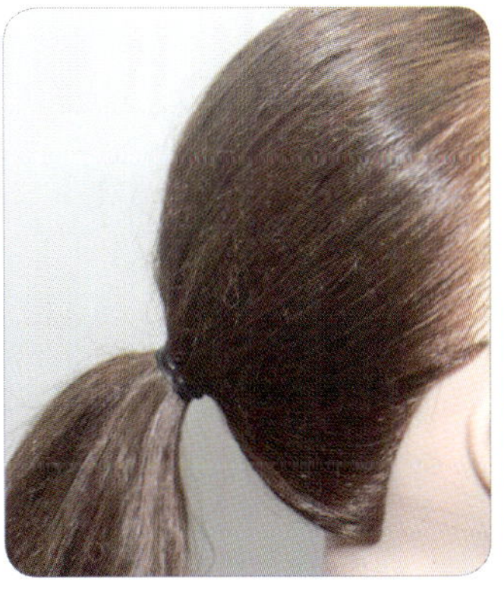

8 고무줄로 고정

9 고무줄 감추기

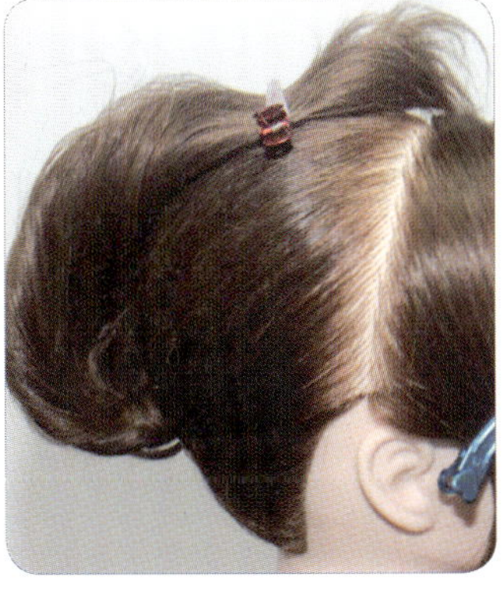

10 토대 머리 위에 고정

11 볼륨 줄 위치에 솜다발 고정

12 솜다발 단단히 고정

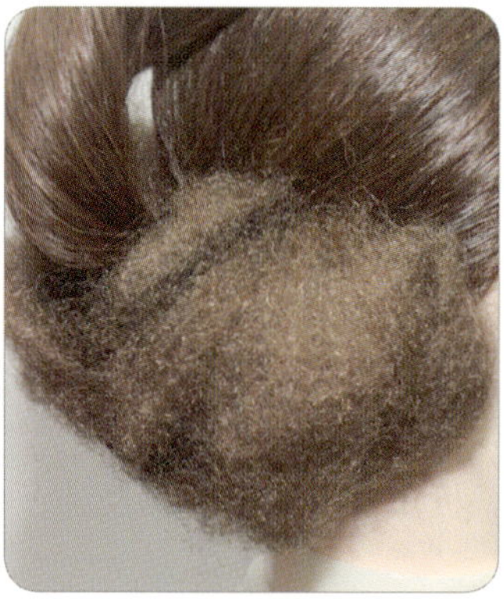
13 고정된 모습

14 고정된 모습

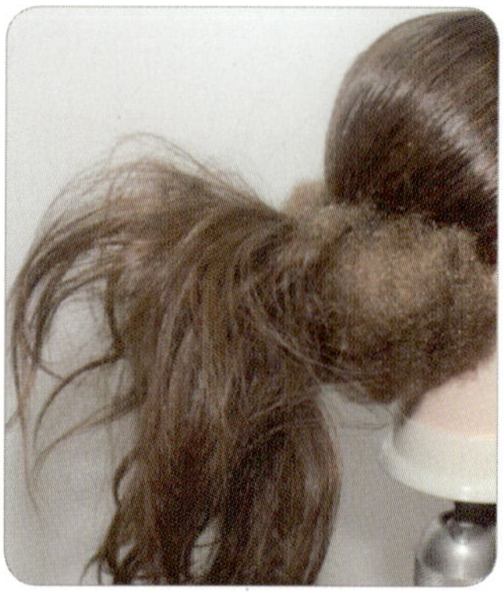
15 윗 모발 내림

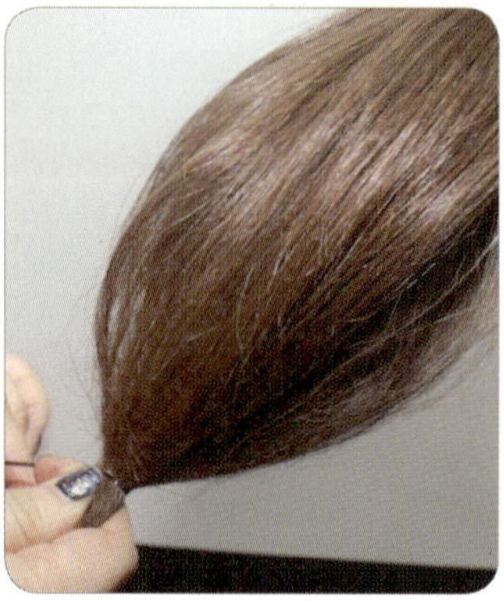
16 끝 모발 묶기

17 묶은 모발

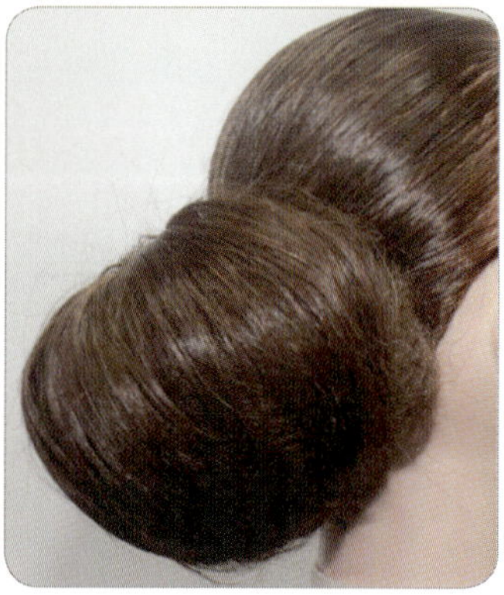
18 솜다발 감싸기

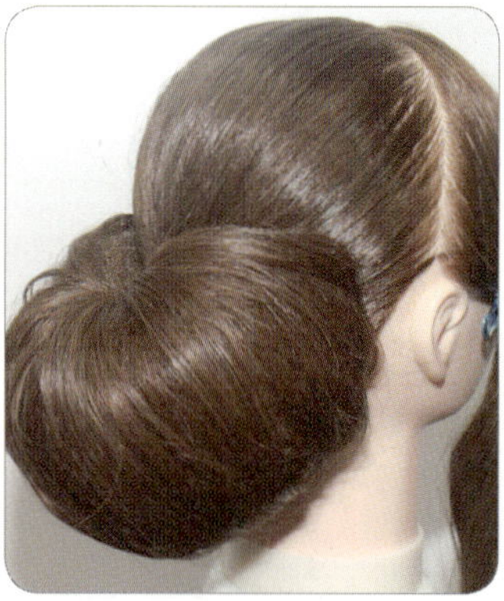
19 감싼 모습

20 옆모발 뒤로 당김

21 당겨서 고정 한 모습

22 반대편 모발 뒤로 당김

23 당겨서 고정 한 모습

24 완성된 뒷모습

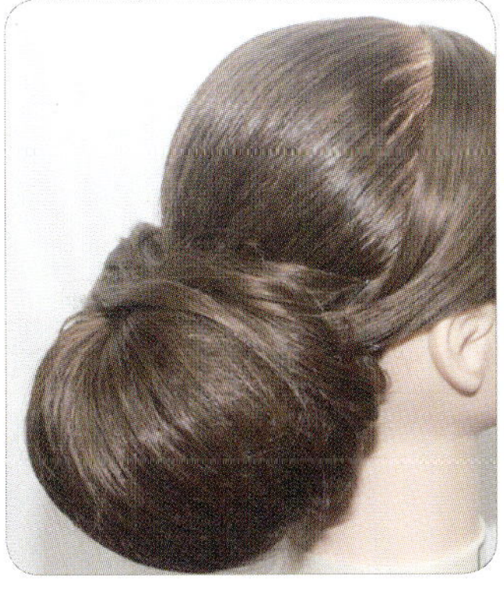

25 완성된 옆모습

26 완성된 앞모습

27 완성된 옆모습

28 완성된 옆모습

아방가르드 이미지 업스타일 1

아방가르드 업스타일 시술 2

1. 작품해석

1) 느낌 설명 : 토대가 상위 업스타일로 탑의 볼륨을 살리기 위해 싱을 이용한다. 상하의 볼륨감을 극대화하여 아방가르드 한 독창적인 느낌으로 디자인한다.

2) 시술기법 : 땋기를 이용한다.

3) 시술 팁 : 얼굴형이 크거나 둥근형에 적합하다.

2. 시술순서

1) 파팅

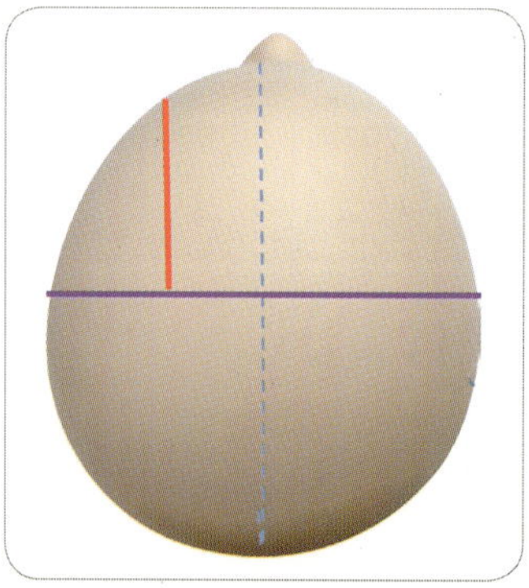

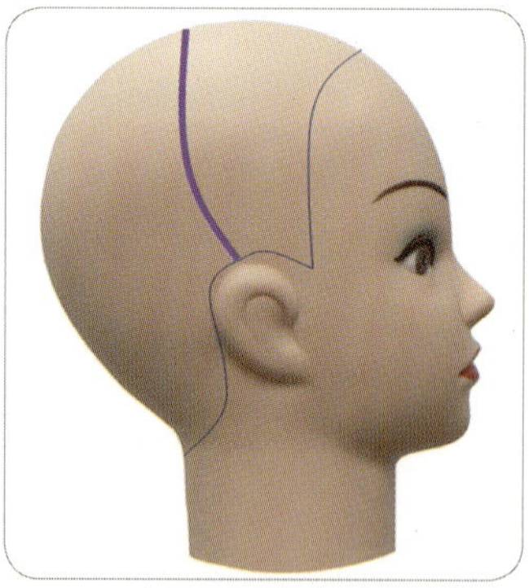

파팅은 이어투이어파팅(E.P~E.P)을 한다.

2) 시술과정 사진과 내용

1 이어투 어어 파팅

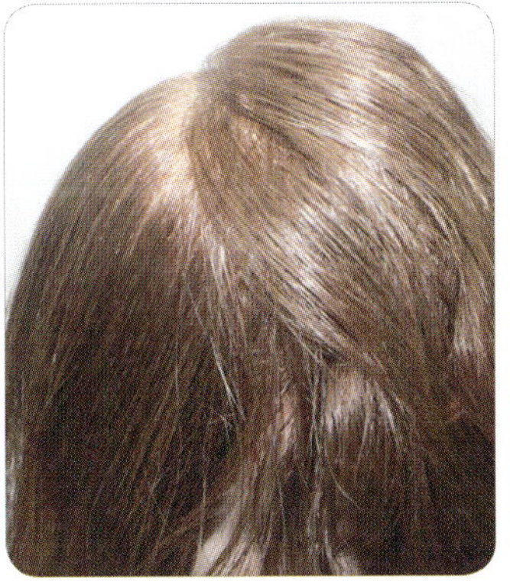

2 볼륨 줄 위치 정하고 모발 나눔

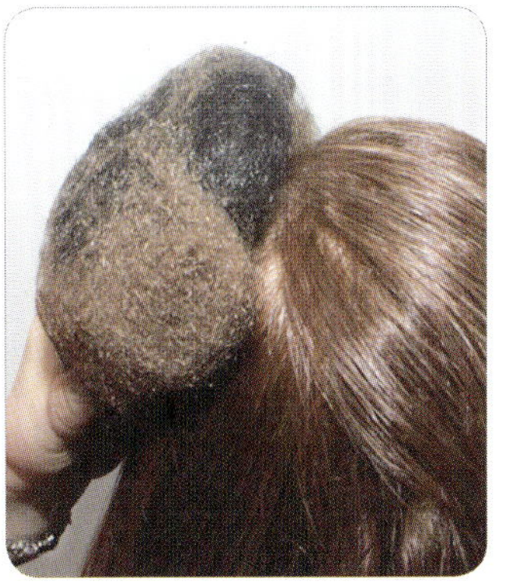

3 솜다발 볼륨 줄 위치 잡음

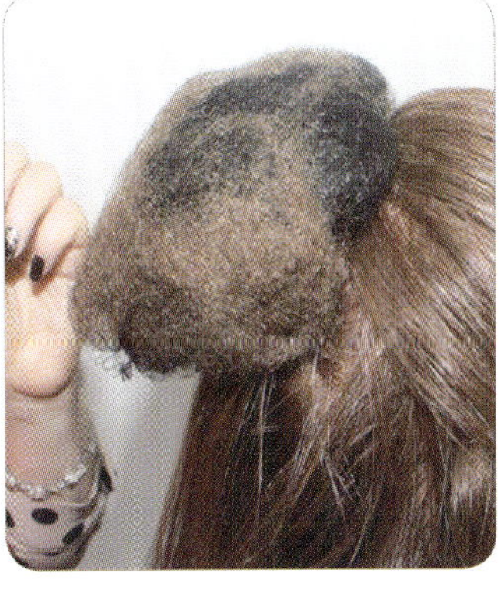

4 솜다발 고정

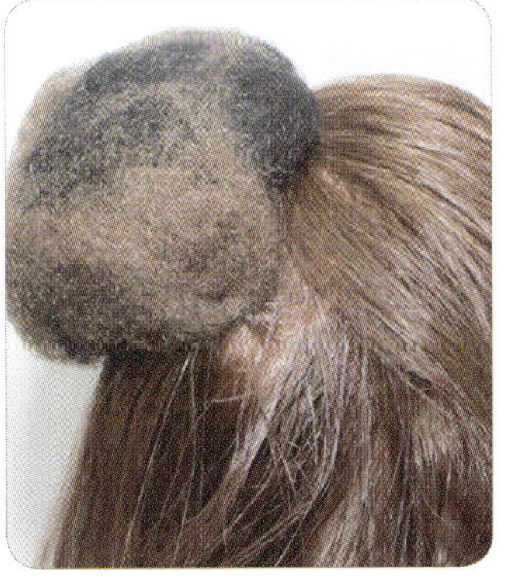

5 솜다발 고정된 모습

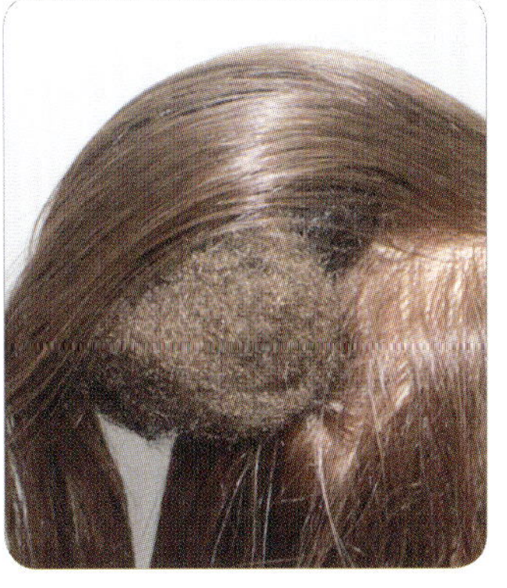

6 윗 모발 내려서 솜다발 감쌈

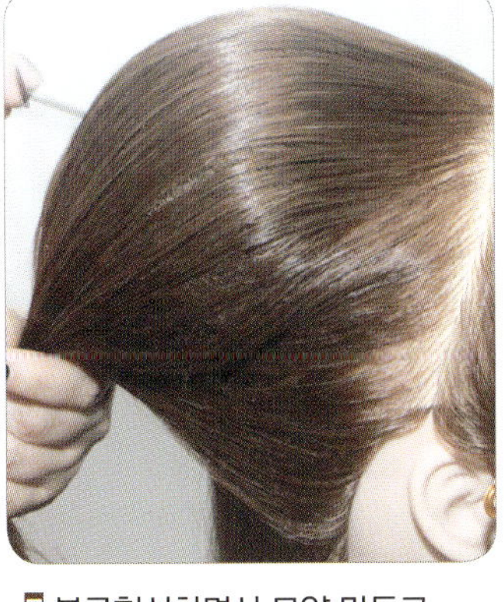

7 볼륨형성하면서 모양 만들고 토대위치 잡음

8 토대 위치 고무줄로 고정

9 네이프 사이드 모발 토대로 가져와 감싸면서 정리

10 정리 된 모습

11 반대 모발 토대로 당겨서 위치 정함

12 토대 정리 된 모습

13 옆모발 뒤로 당김

14 당겨서 뒤에 고정

15 반대 옆모발 뒤로 당김

16 뒤에 고정

17 고정된 모습

18 토대 주변 모양 만듦

19 모발 땋기

20 땋기 시작

21 끝까지 닿아서 모선 고무줄 묶기

22 땋은 모발 안으로 말아서 고정

23 완성된 옆모습

24 완성된 앞모습

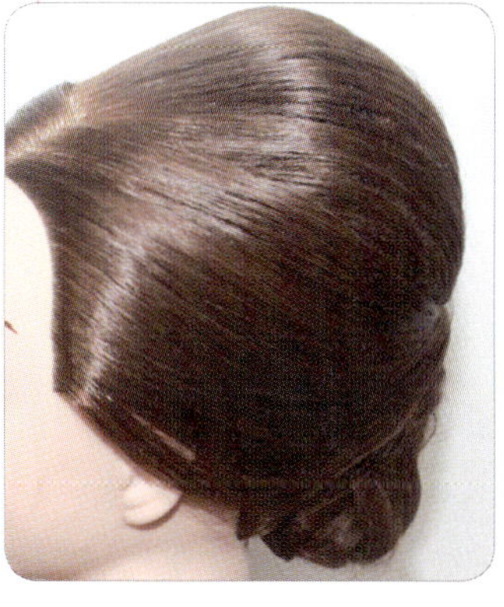

25 완성된 옆모습

아방가르드 이미지 업스타일 2

아방가르드 이미지 업스타일 시술 3

1. 작품해석

1) 느낌 설명 : 앞 부분을 크게 올려서 키가 커 보이게 시술한다.

2) 시술기법 : 꼬기

2. 시술순서

1) 파팅

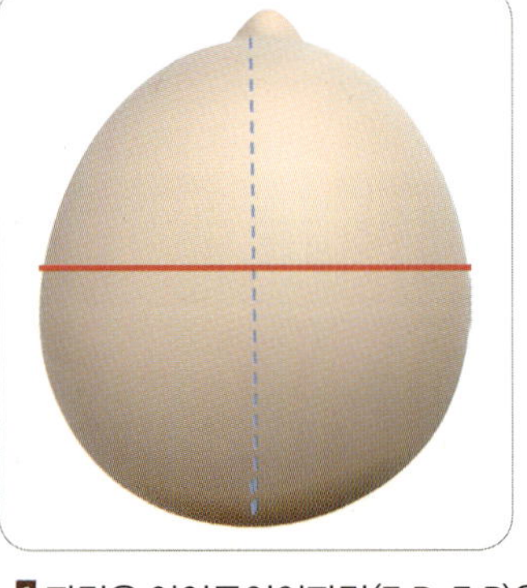

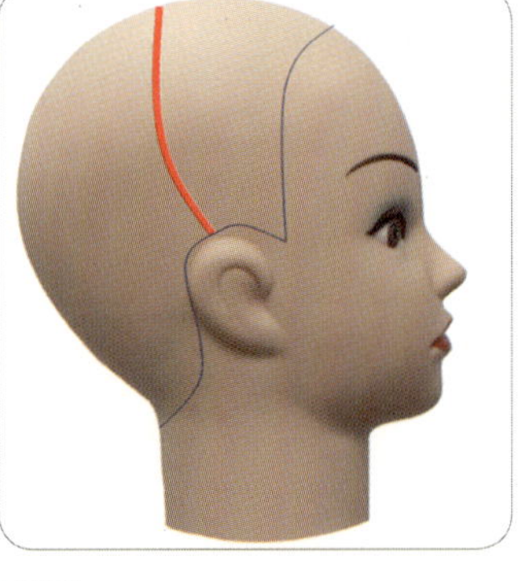

1 파팅은 이어투이어파팅(E.P~E.P)을 한다.

2) 시술과정 사진과 내용

1 이어투 이어 파팅

2 앞 모발 볼륨 주기 위해 정리함

3 볼륨감 형성

4 앞모발 볼륨감 형성하여 고정

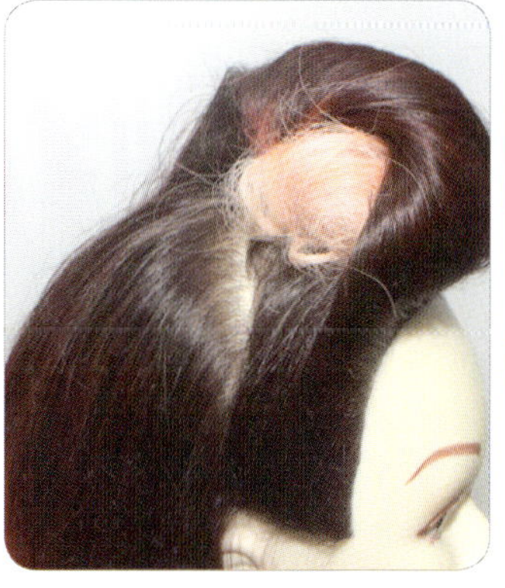

5 옆에서 본 모습

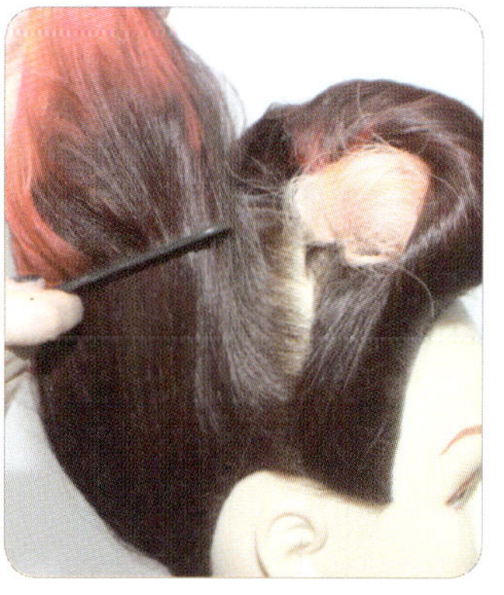

6 뒤 모발 위로 빗어 정리

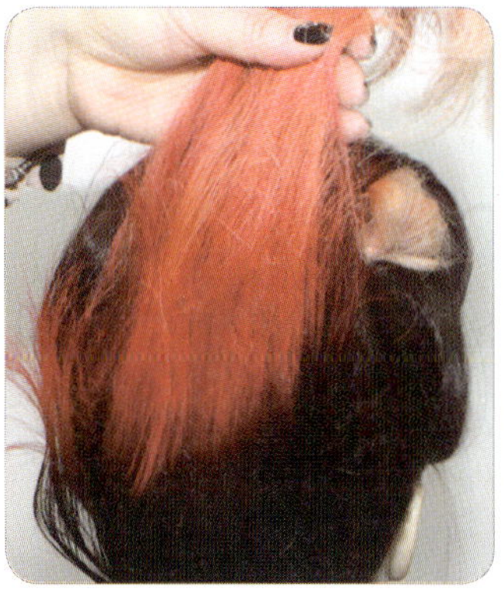

7 뒷 모발 정리

8 정리된 모습

9 모선 부분 정리하여 모양 냄

10 완성된 앞모습

11 완성된 옆모습

12 완성된 옆모습

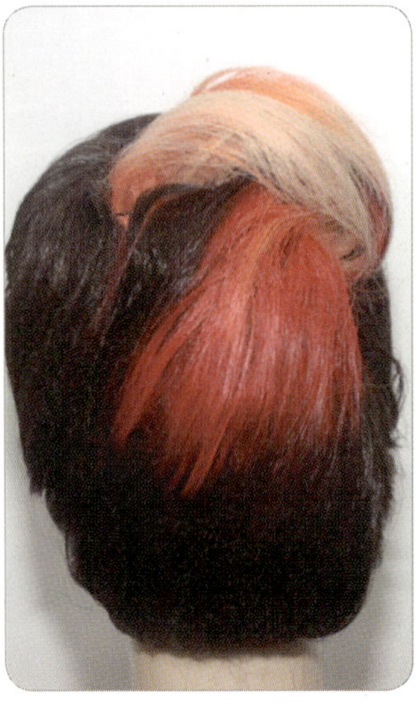

13 완성된 뒷모습

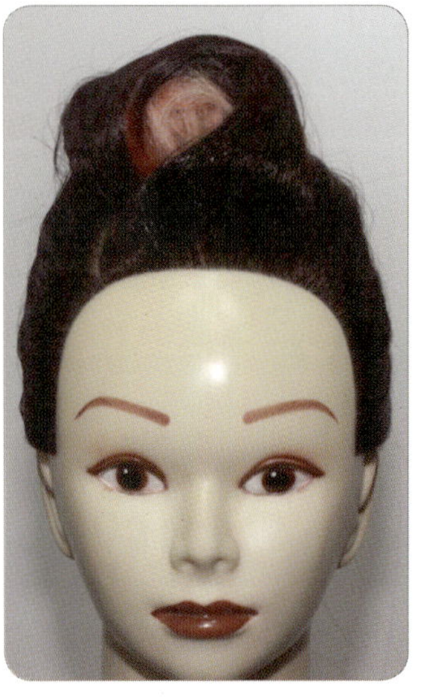

14 다르게 표현된 앞모습

아방가르드 이미지 업스타일 3

아방가르드 이미지 업스타일 시술 4

1. 작품해석

1) 느낌 설명 : 메직기로 모발의 형태를 물결모양으로 만들어 에스닉한 분위기로 연출한다. 토대를 탑부위에 시술한다.

2) 시술기법 : 매직기로 모발의 형을 만들어 시술한다.

3) 시술 팁 : 매직기의 모양에 따라 질감 표현을 다르게 할 수 있다.

2. 시술순서

1) 파팅

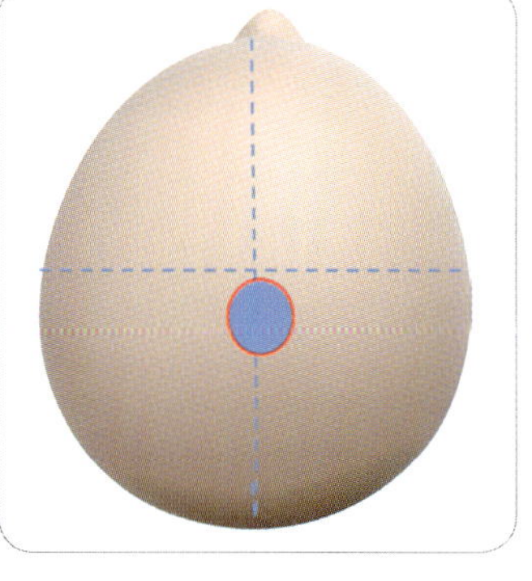

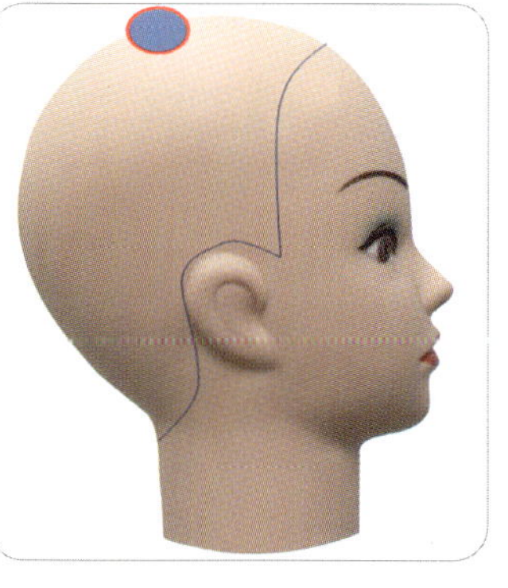

노파팅한다.

2) 시술과정 사진과 내용

1 매직기로 무늬 만들기

2 시술 진행

3 섹션 후 매직 시술 진행

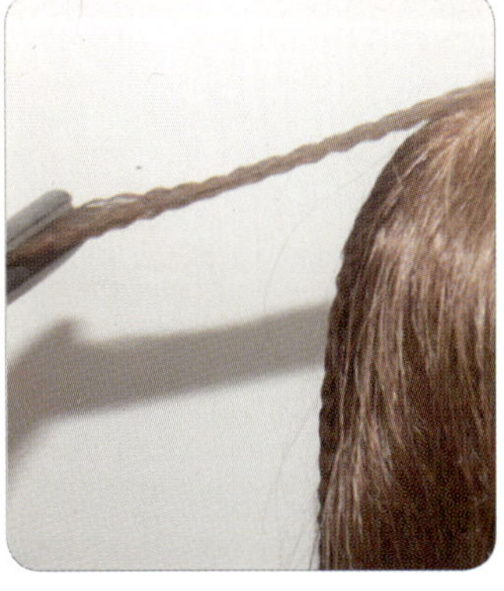

4 시술 진행

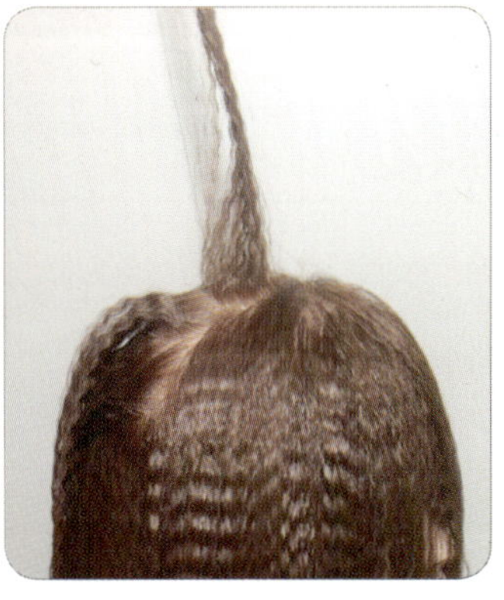

5 시술 진행

6 시술 진행

7 시술 후 모습

8 모든 모발 탑부분 토대 잡기

9 고무줄로 고정

10 팽팽하게 당김

11 고정된 모습

12 묶은 토대 감추기

13 토대 감추기 마무리

14 토대머리 자연스럽게 내린 확대 완성된 앞모습

15 완성된 옆모습

16 완성된 옆모습

17 완성된 뒷모습

18 완성된 옆모습

〈응용 스타일 Ⅰ〉

1 토대 감추기

2 토대 감춘 모습

3 모선부분 안으로 말아서 고정 시킨 완성된 앞모습

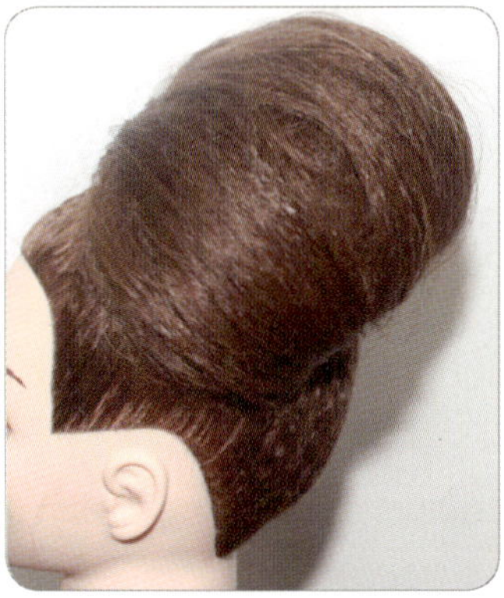

4 완성된 옆모습

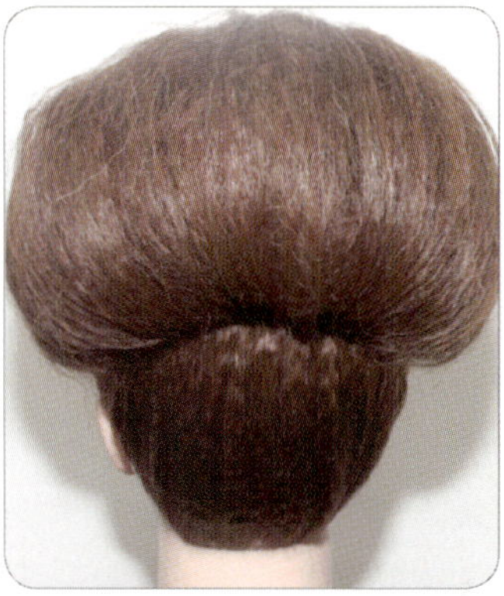

5 완성된 뒷모습

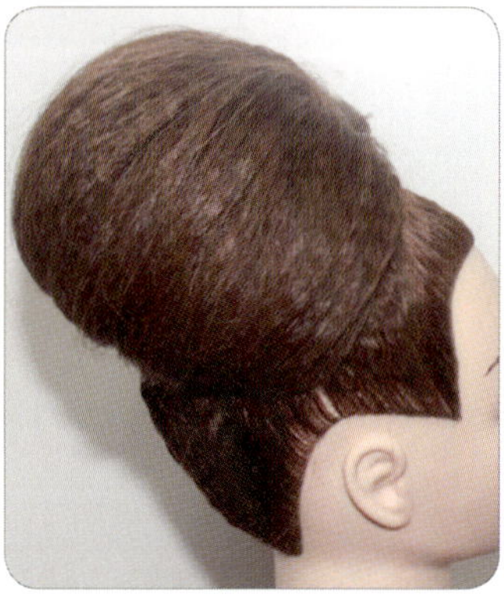

6 완성된 옆모습

〈응용 스타일 II〉

1 토대 감추기

2 토대 감춘 모습

3 토대 반으로 나눠 반은 앞으로 말아서 고정, 반은 뻗치게 스타일 시술하여 완성된 앞모습

4 완성된 옆모습

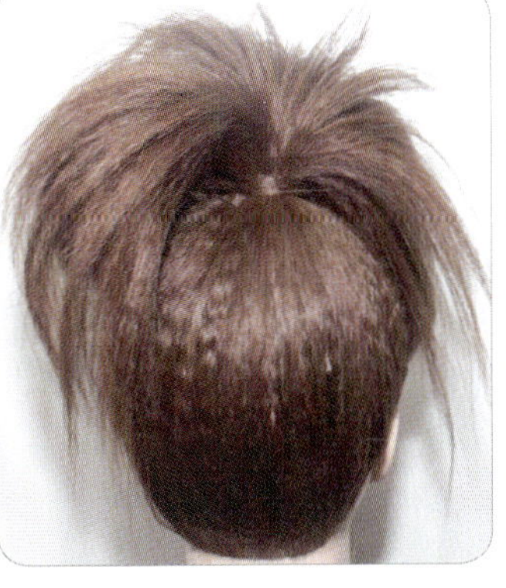
5 완성된 뒷모습

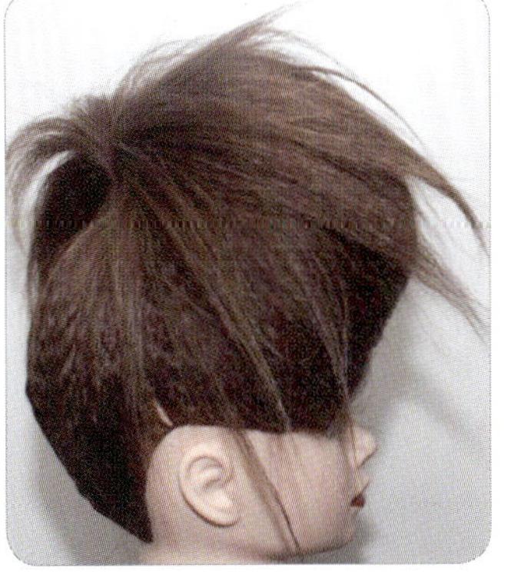
6 완성된 옆모습

아방가르드 이미지 업스타일 4

chapter 08

한복 & 드레스 업스타일

practical up-style

Upstyle

한복 업스타일

1. 한복 업스타일이란?

한복은 옛부터 전해 내려오는 한민족 고유의 의복으로서 조선옷이라고도 한다. 직선과 약간의 곡선이 조화를 이루어 아름다우며, 특히 여자 옷은 짧은 저고리와 넉넉한 치마가 어울려 옷차림이 단정하고 아담하다.

예복과 평상복이 나뉘어 있으며 남녀별 성인과 어린이용, 계절별로 나뉜다. 한복은 현재 많이 입지는 않지만 결혼식, 약혼식 등과 같은 행사 때 입는다. 이때 헤어스타일도 한복의상에 맞게 스타일을 시술하는 것이다.

2. 사용도구

업스타일 시술 도구

한복 업스타일 시술 1

1. 작품해석

1) 느낌 설명 : 전체적으로 단정하고 우아한 느낌으로 연출한다. 가장 많이 하는 디자인이며 특히 심플하면서도 아름다움을 강조 할 수 있는 디자인이다.

2) 시술기법 : 꼬기와 로프를 사용한 시술기법이다.

3) 시술 팁 : 옆머리의 디자인 변형으로 다양함을 줄 수 있다.

4) 응용스타일 : 연령층에 상관없이 연출이 가능하며 액세서리 사용으로 아름다움을 강조한다. 전형적인 한복 업스타일이다.

2. 시술순서

1) 파팅

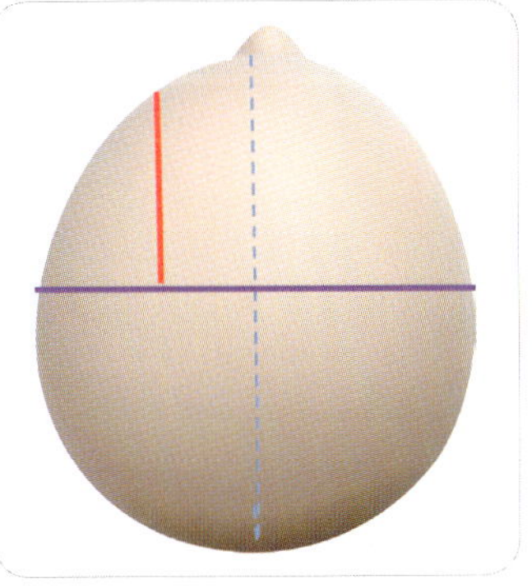

1 옆가르마 한다.

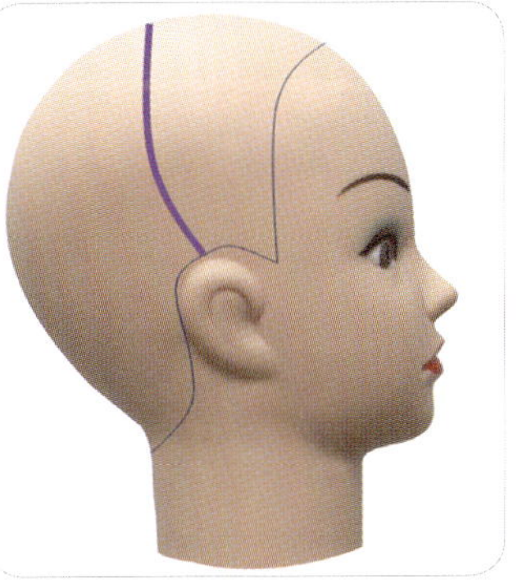

2 파팅은 이어투이어파팅(E.P~E.P)을 한다.

2) 시술과정 사진과 내용

1 시술 전 모습

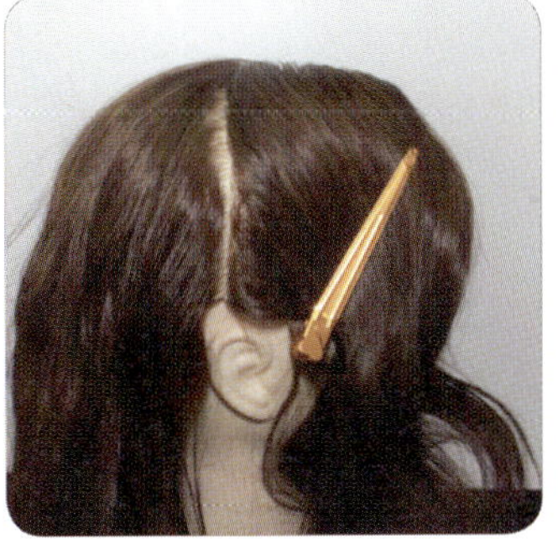

2 이어투 이어 파팅

3 옆모습

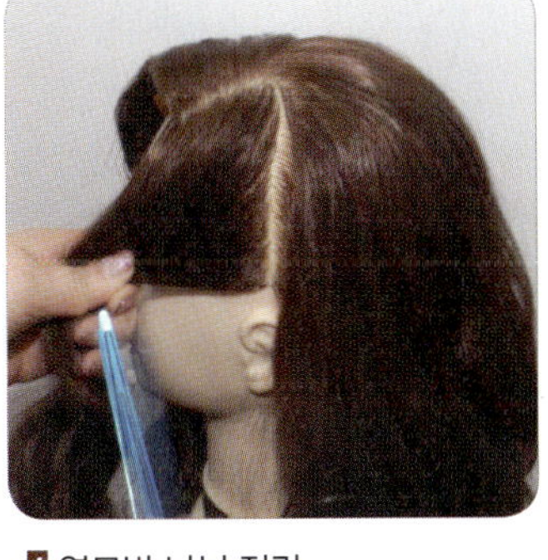

4 옆모발 나눠 정리

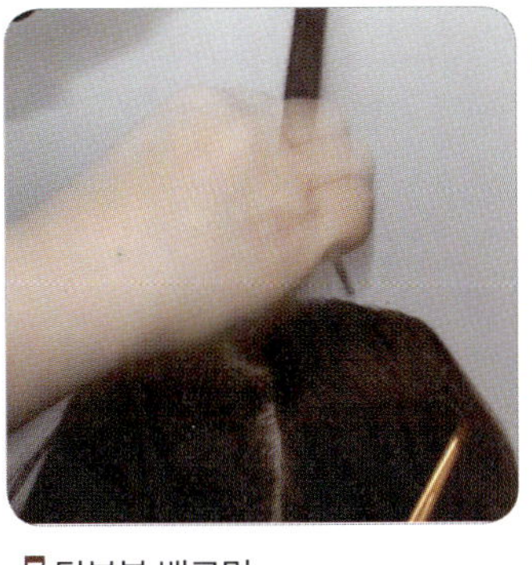

5 탑부분 백코밍

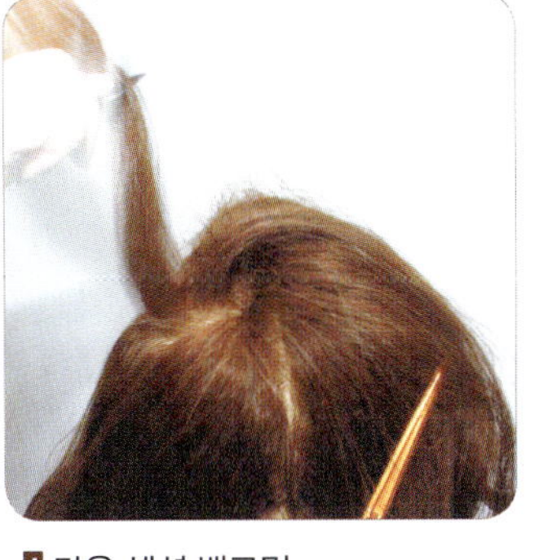

6 다음 섹션 백코밍

7 백코밍 진행

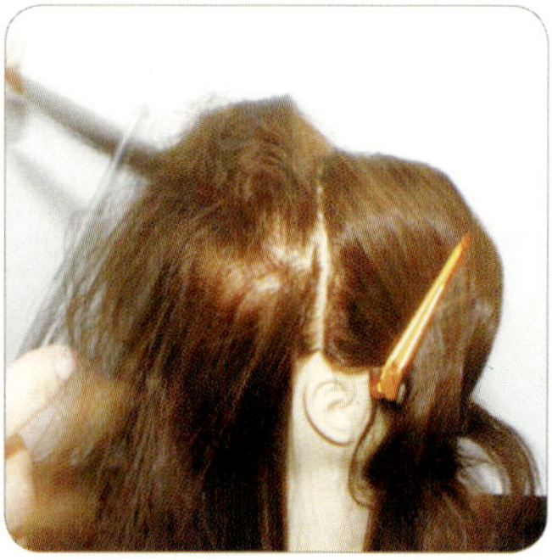

8 백코밍 진행

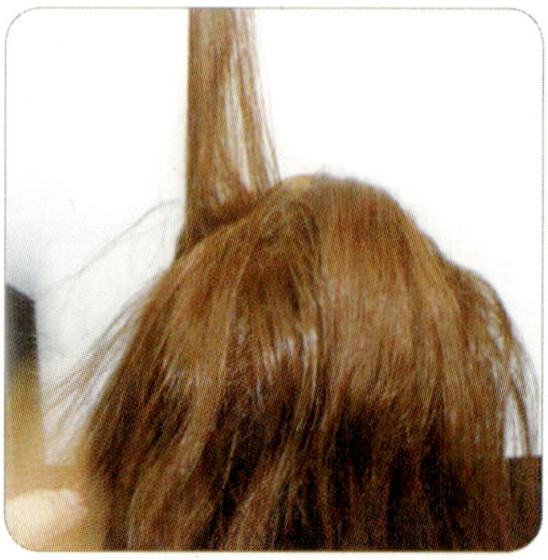

9 백코밍 진행

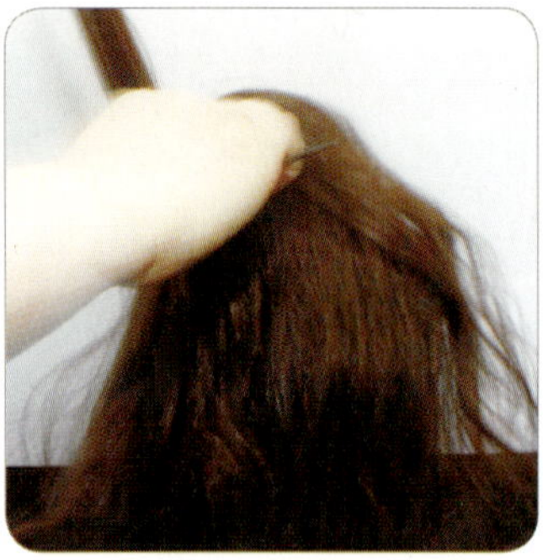

10 백코밍 진행

11 볼륨형성하고 뒤 모발 다 잡아 토대 위치 정하기

12 고무줄로 고정

13 토대 감추기 위해 부분 모발 나눔

14 적은 모발 토대 감싸기

15 감쌀 때 꼬아서 모양내면서 시술 함

16 고정 함

17 고정된 모습

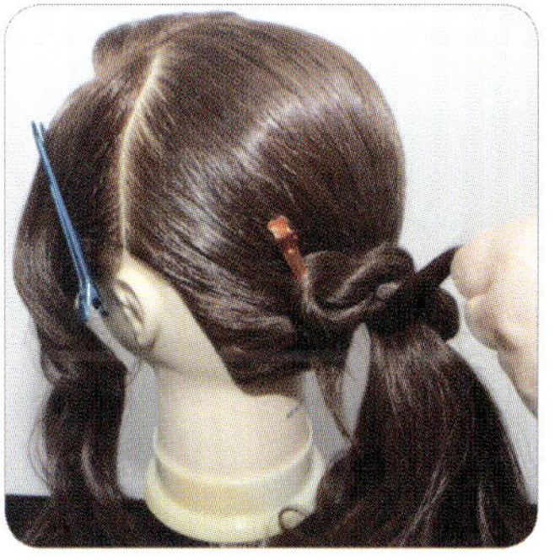

18 다음 부분 나눠 꼬아서 동일하게 진행

19 고정된 모습

20 반대편 고정된 모습

21 큰 다빌 모빌 반대방향으로 당겨서 고정

22 고정된 모습

23 나머지 모발 정리

24 빗질 정리

25 반대 방향으로 당겨서 고정

26 고정된 모습

27 핀 제거 후 모습

28 옆모발 정리

29 웨이브 형성

30 옆모발 웨이브

31 웨이브 잡기 위해 핀 고정

32 모선 모아 토대로 가져와 고정

33 모선부분 모양 만들기

34 모선 고정

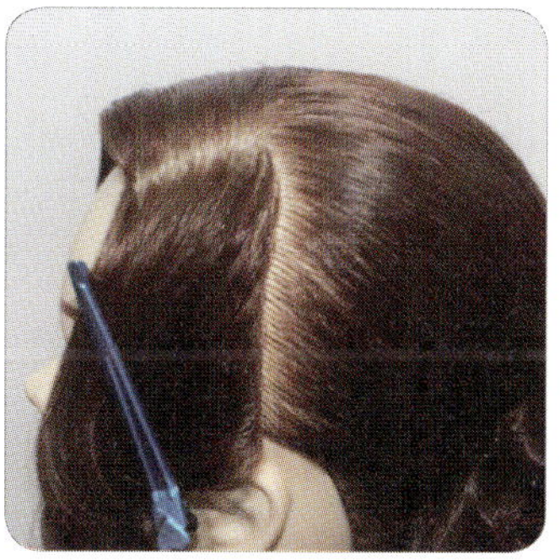

35 옆모발 정리

36 웨이브 위해 핀 고정

37 핀 고정

38 모선 부분 토내로 가셔삼

39 고성 함

40 모선 부분 고정시킴

41 실 핀으로 고정

42 핀 제거

43 핀 제거 후 모습

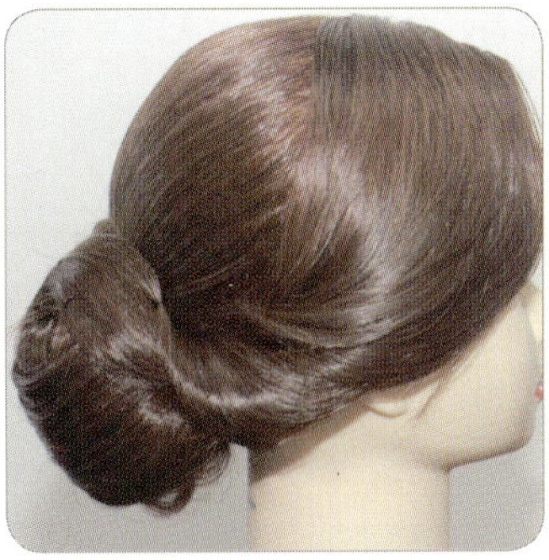

44 확대 완성된 옆모습

45 완성된 앞모습

46 완성된 옆모습

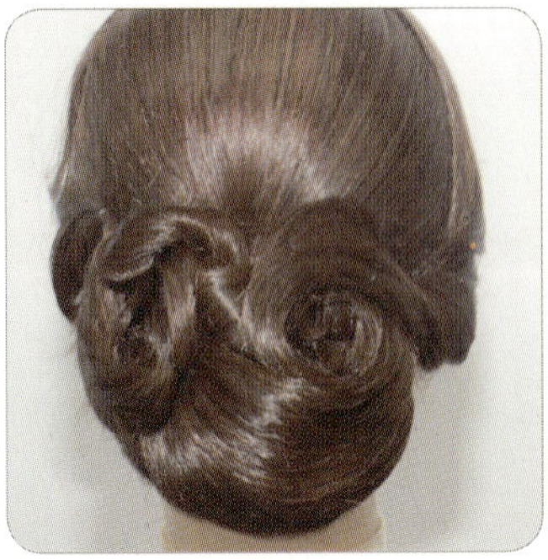

47 완성된 뒷모습

48 액세서리 뒷모습

49 액세서리 앞모습

50 액세서리 옆모습

51 액세서리 옆모습

한복 업스타일 시술 1

한복 업스타일 시술 2

1. 작품해석

1) 느낌 설명 : 현대적 느낌과 전통적인 느낌의 조합이다. 옆머리의 디자인은 젊은 층이 선호하는 디자인이며 올드(old)해 보이지 않는 디자인으로 귀여움을 강조하고 얼굴형의 단점을 보완할 수 있는 디자인이다.

2) 시술기법 : 뒷머리의 시술 방법은 토대위에 모두 말기로 시술한다.

3) 시술 팁 : 크기의 조절로 디자인의 완성도를 높일 수 있으며, 이미지 포인트의 크기 조절로 안정감을 고려한다.

4) 응용스타일 : 액세서리 사용으로 좀 더 밝고 예쁜 젊은 느낌을 강조할 수 있다.

2. 시술순서

1) 파팅

(1) 파팅은 이어투이어파팅(E.P~E.P)을 한다.
* 옆부분 부분 파팅한다.

(2) 뒷부분을 수평 2파팅한다.

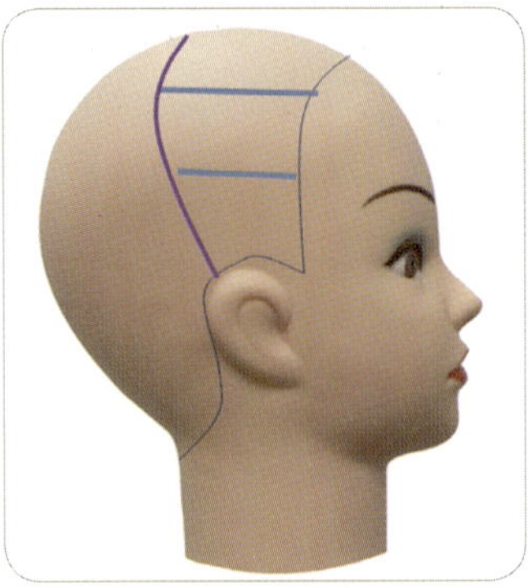

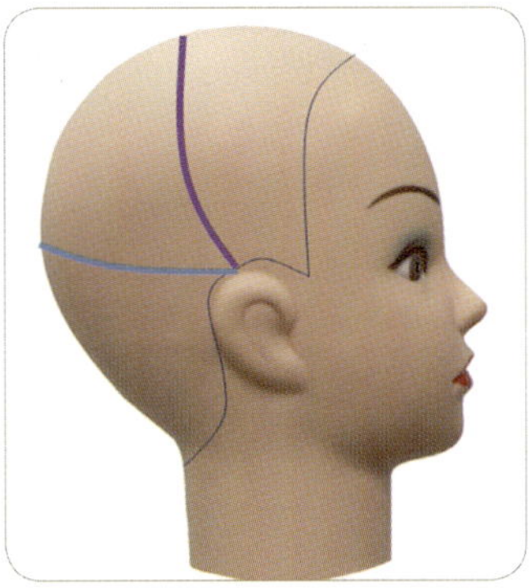

2) 시술과정 사진과 내용

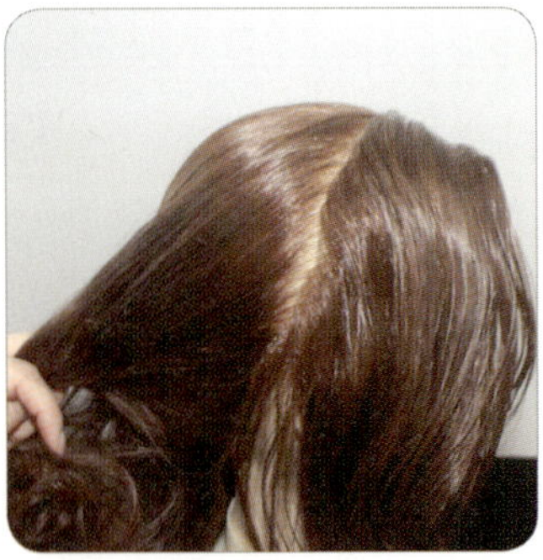

1 이어투 이어 파팅

2 뒤 모발 정리

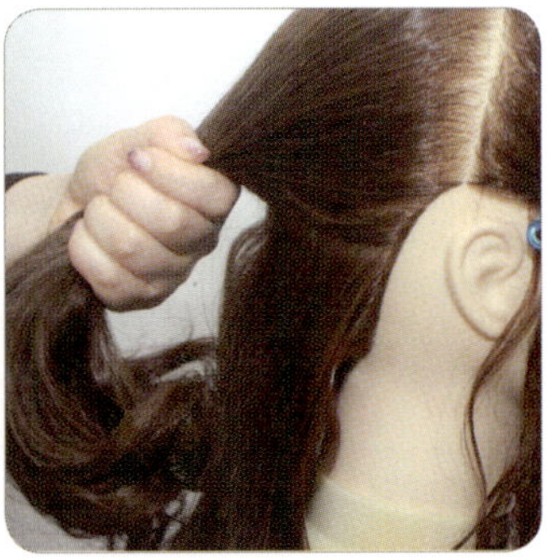

3 뒷부분 1/2 나눔

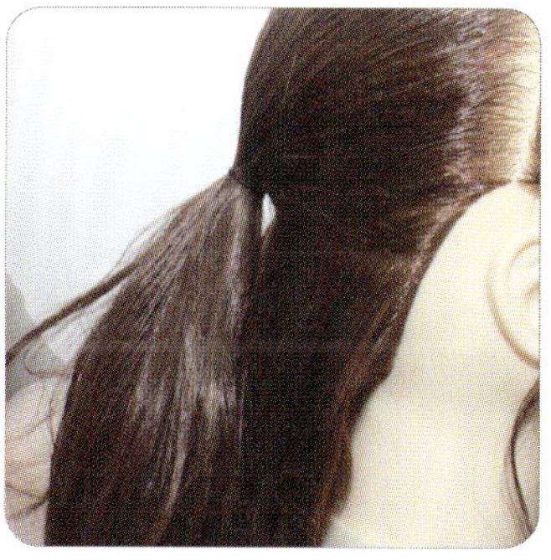

4 위 모발 고무줄로 고정

5 아래 모발 다시 두부분으로 나눔

6 한 쪽 고무줄로 고정

7 반대 편 정리

8 고무줄로 고정

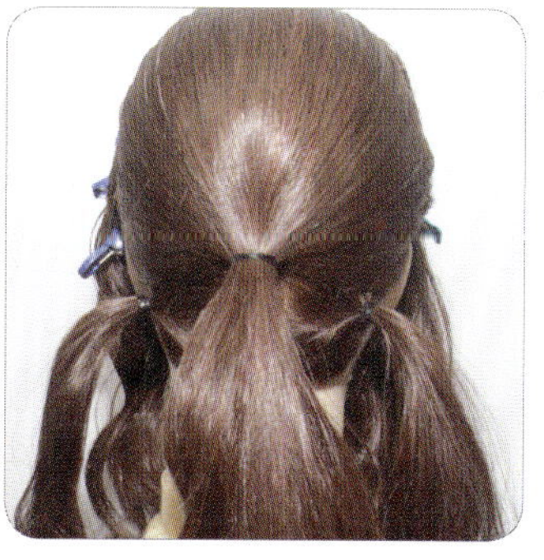

9 고무줄로 고정된 모습

10 윗부분 모발 나눠서 고리를 만듦

11 모선 정리

12 고리 고정

13 부분 모발 고리 만듦

14 고정시킴

15 아래 부분 토대 고리 만듦

16 고정시킴

17 반대 토대를 고리 만듦

18 고정시킴

19 윗부분 남은 부분 나눔

20 나뉜 부분 고리 만듦

21 나머지 부분 정리

22 고리 만듦

23 고리 고정된 모습

24 아래 부분 남은 모발 고리 만듦

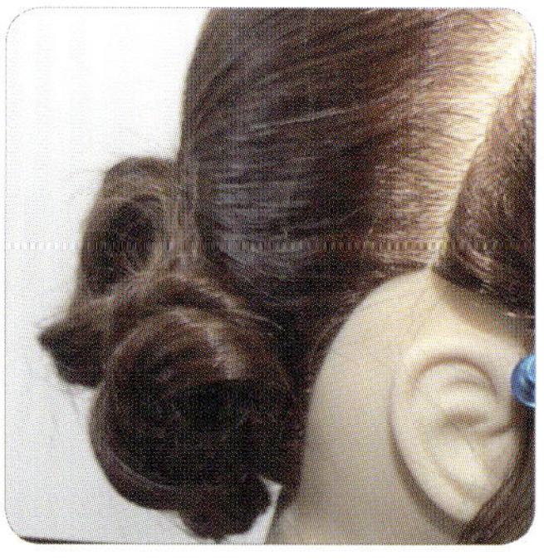

25 고리 고정 된 모습

26 앞 모발 나눠서 정리

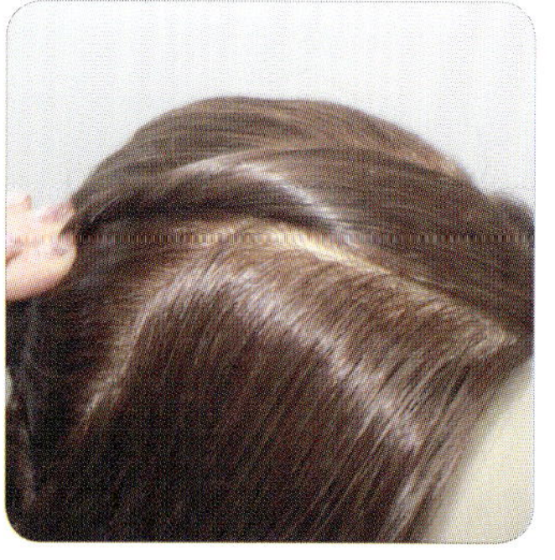

27 꼬아서 뒤로 당김

28 아래 모발 동일한 방법으로 시술

29 아래 모발 동일한 방법으로 시술

30 아래 모발 동일한 방법으로 시술

31 고정된 모습

32 반대편 옆모발 정리

33 꼬아서 뒤에 고정

34 고정된 모발

35 스타일링 제품으로 고정

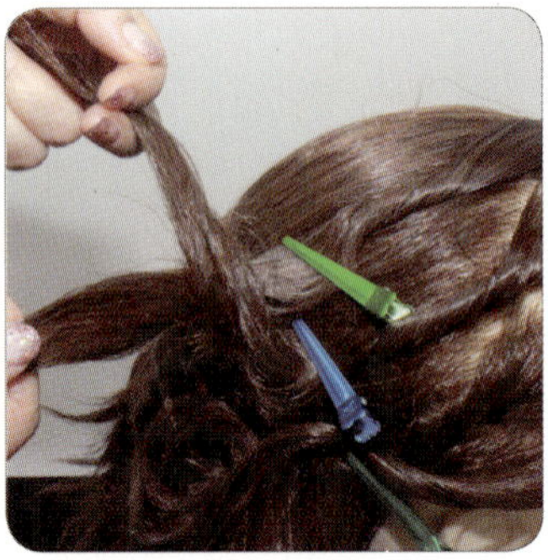

36 옆모발 모선 부분 모아서 꼬기 시작

37 꼬기 시술 진행

38 나머지 부분 동일하게 시술

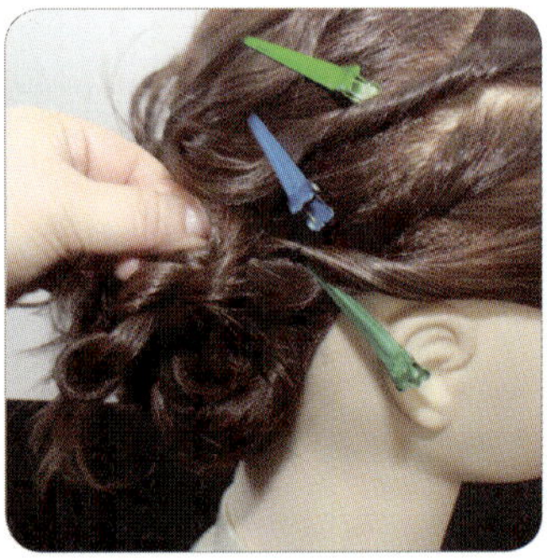

39 고정

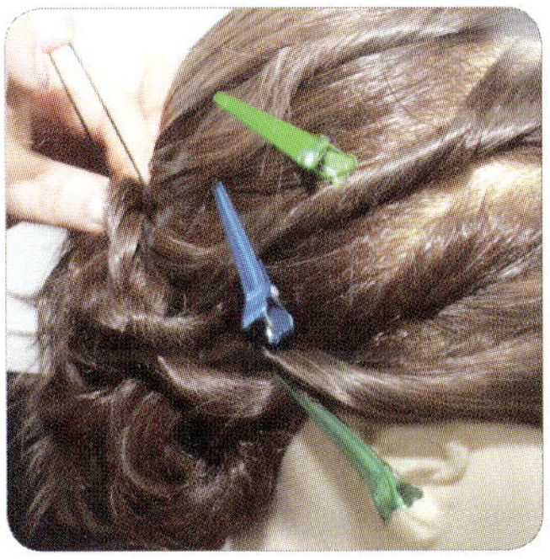

40 핀으로 고정

41 반대편 동일하게 시술

42 꼬기 시술 진행

43 꼬기 진행 중

44 고정된 모습

45 핀 제거 후 완싱된 옆모습

43 확대 완성된 뒷모습

44 완성된 옆모습

45 완성된 앞모습

46 완성된 옆모습

47 액세서리 뒷모습

48 액세서리 옆모습

49 액세서리 옆모습

50 액세서리 앞모습

51 액세서리 옆모습

한복 업스타일 시술 2

한복 업스타일 시술 3

1. 작품해석

1) 느낌 설명 : 군더더기 없는 깔끔한 디자인 옆머리를 아무 디자인 없이 빗어 넘겨 쪽머리 느낌의 다자인이다.

2) 시술기법 : 시술 기법은 로프와 꼬기로 시술하였다.

3) 시술 팁 : 계란형 얼굴에 적당하고, 한복 업스타일에 만 국한되지 않고 젊은 층의 드레스에도 가능한 디자인이다. 연주회 등 액세서리의 적절한 사용과 위치를 고려한다.

4) 응용스타일 : 토대의 위치를 하향으로 하여 젊은 층이 선호하는 스타일이 가능하며, 모량이 많은 모발이 디자인 연출에 용이하다.

2. 시술순서

1) 파팅

(1) 노파팅한다.

(2) 옆가르마 한다.

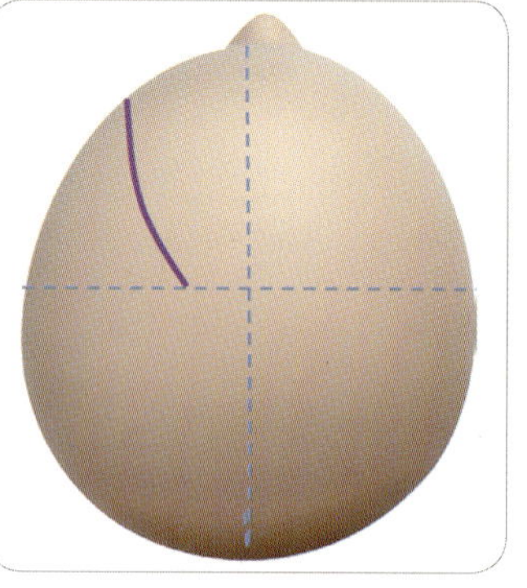

2) 시술과정 사진과 내용

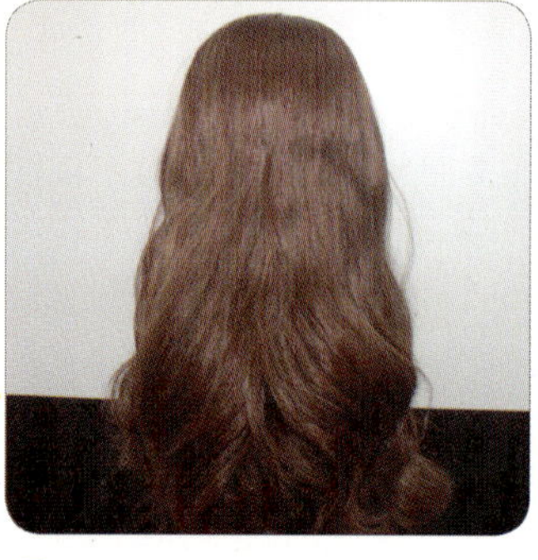

1 시술 전 뒷모습

2 시술 전 앞모습

3 시술 전 뒷모습

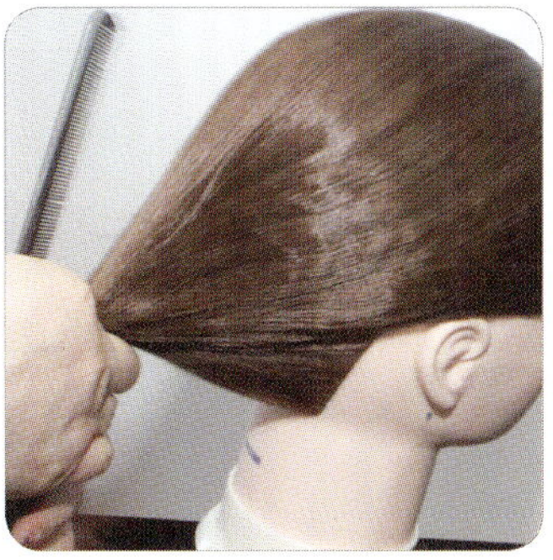

4 전체 모발 빗질하여 정리

5 토대 정한 후 고무줄로 고정

6 고정된 모습

7 토대 고무줄 감추기

8 토대 감싸기

9 토대 감추기 완성 모습

10 토대 나눠 크게 틀어 반대편 토대 밑으로 가져옴

11 고정시킴

12 모선부분 반대편으로 가져옴

13 모선 부분 정리 한 모습

14 토대 부분 나눔

15 나눠서 동일한 방법으로 틀어서 반대편에 고정

16 남은 모발 다발 정리

17 틀어서 동일하게 고정

18 다발의 모선 부분

19 모선부분 모아 꼬아 정리

20 안으로 말아서 고정

21 완성된 뒷모습

22 완성된 옆모습

23 완성된 앞모습

24 완성된 옆모습

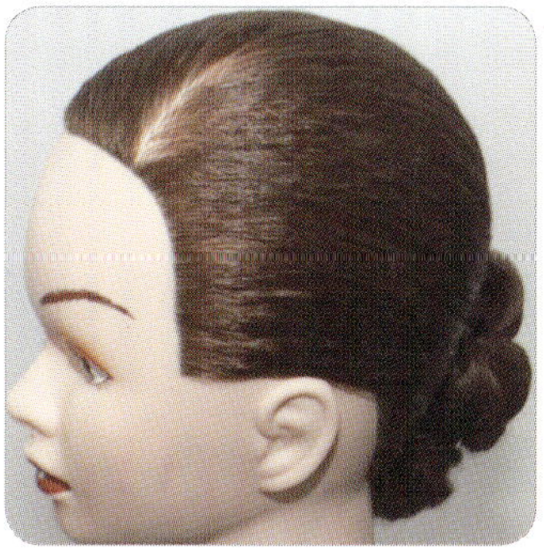

25 완성된 옆모습

26 액세시리 옆모습

27 액세서리 뒷모습

한복 업스타일 시술 3

Upstyle

드레스 업스타일

1. 드레스업스타일

드레스는 윗옷과 아래옷이 붙어서 한 벌로 된 옷. 주로 여성복에 많다. 드레스는 주로 결혼식, 약혼식, 파티, 연주회 등 행사 시 입는 옷이다. 이 드레스에 맞게 헤어스타일을 시술하는 것이다.

2. 사용도구

업스타일 시술 도구

드레스 업스타일 시술 1

1. 작품해석

1) 느낌 설명 : 로프의 면을 많이 사용하여 안정감을 살리고 말기의 적절한 조화로 우아함과 귀여움을 동시에 연출한다.

2) 시술기법 : 토대와 포인트의 위치가 모두 골덴포인트(G.P) 위쪽으로 한다.

3) 시술 팁 : 앞머리와 옆머리의 디자인 변형으로 분위기의 변화가 가능하다. 얼굴형을 감안하여 양감조절을 한다. 상위 업스타일은 토대의 위치가 탑 쪽으로 많이 올라가면 안정감과 우아함이 떨어진다.

4) 응용스타일 : 토대의 위치를 잘 정하여 디자인의 안정감과 완성도를 더하는 작품을 시술할 수 있다.

2. 시술순서

1) 파팅

(1) 옆가르마 한다.
(2) 파팅은 이어투이어파팅(E.P~E.P)을 한다.

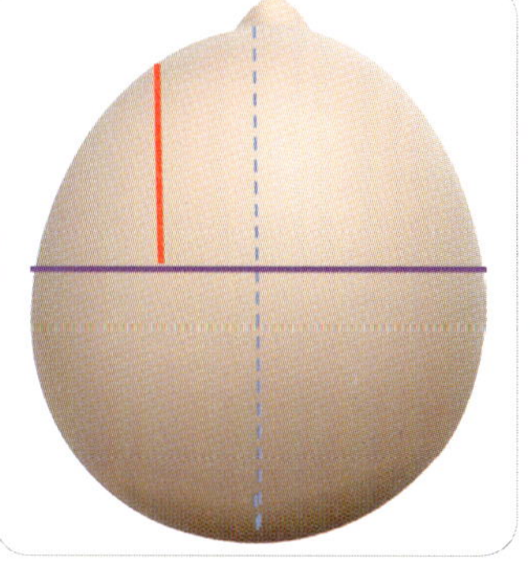

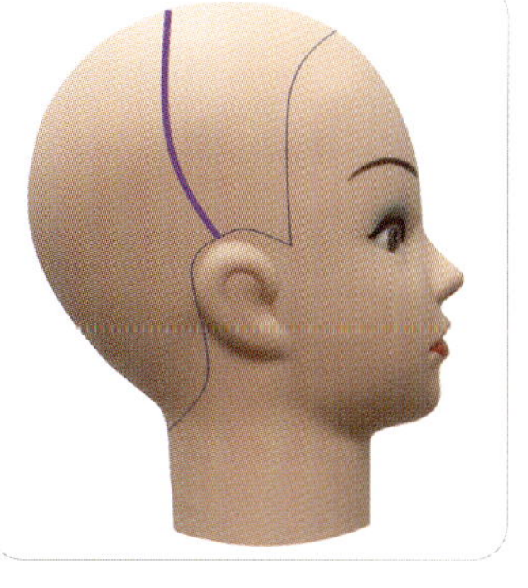

2) 시술과정 사진과 내용

1 시술 전 앞모습

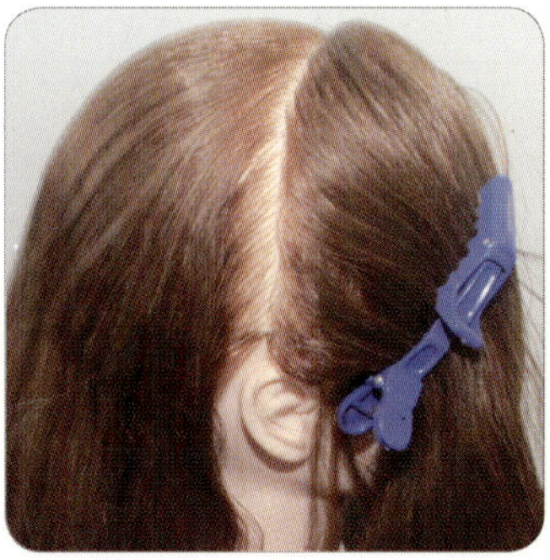

2 이어투 이어 파팅

3 반대편 이어투 이어 파팅

4 뒷부분 모아 정리

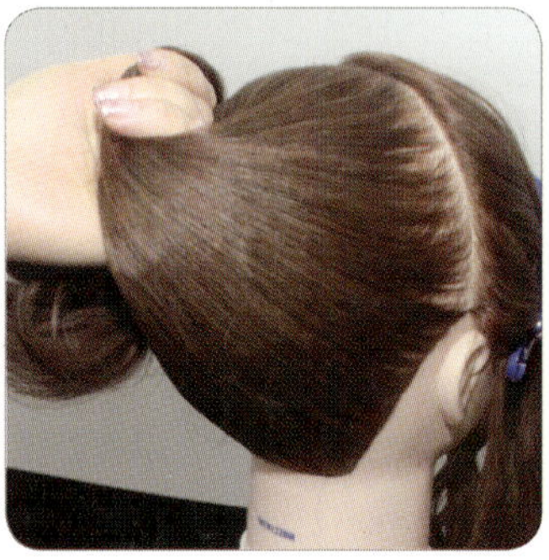

5 말기 시작함

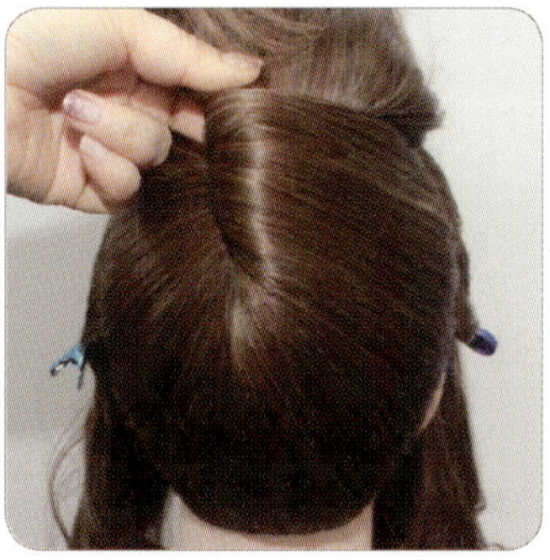

6 말아서 정리

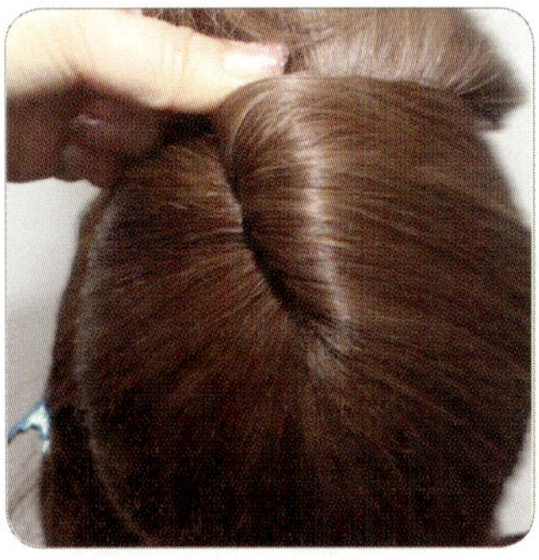

7 확대된 모습

8 핀으로 고정

9 핀으로 고정

10 말기 한 모발을 나눔

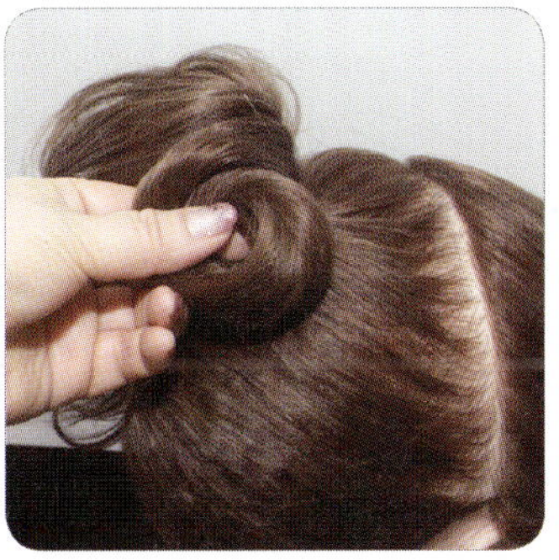

11 나뉜 모발을 고리 만듦

12 고리 고정

13 나머지 부분 정리

14 원통 고리 만듦

15 고정

16 나머지 부분 빗질 정리

17 고리 만듦

18 위치 잡아 고정

19 핀으로 고정

20 모양정리

21 핀으로 정리

22 정리된 모습

23 옆모발 빗질 정리

24 부분 나뉜 아래 모발 정리

25 아래모발 토대 가까이 가져감

26 고리 만듦

27 위 모발 뒤로 가져감

28 고리 만듦

29 고정

30 반대 옆모발 빗질 정리

31 뒤도 당겨 고리 만듦

32 고정시켜 마무리

33 완성된 앞모습

34 완성된 옆모습

35 완성된 뒷모습

36 완성된 옆모습

37 액세서리 앞모습

38 액세서리 옆모습

드레스 업스타일 시술 1

드레스 업스타일 시술 2

1. 작품해석

1) 느낌 설명 : 단정하면서도 로프를 크게, 크게 시술하여 시원함을 느끼게 한다.

2) 시술기법 : 토대의 위치가 탑부분으로 조금 올라가게 시술한다. 안정감을 위하여 로프의 크기를 크게 만든다.

3) 시술 팁 : 옆머리의 디자인을 겹치기를 이용하여 디자인에 변화를 주었다.

4) 응용스타일 : 토대의 위치나 로프의 크기가 강조되어 키가 작은 사람에게 디자인하여 단점을 보완할 수 있다.

2. 시술순서

1) 파팅

(1) 옆가르마 한다.

(2) 파팅은 이어투이어파팅(E.P~E.P)을 한다.

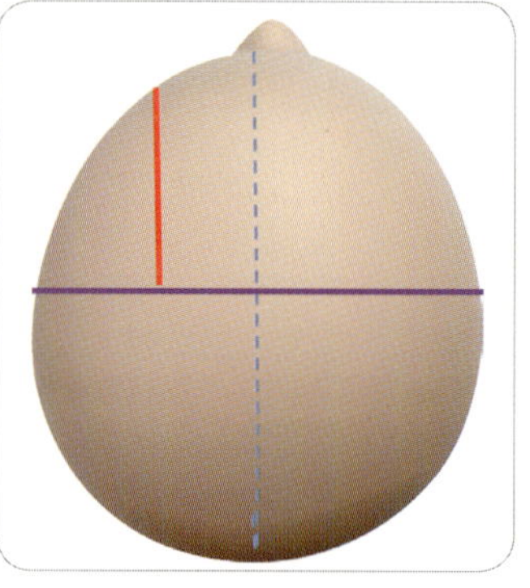

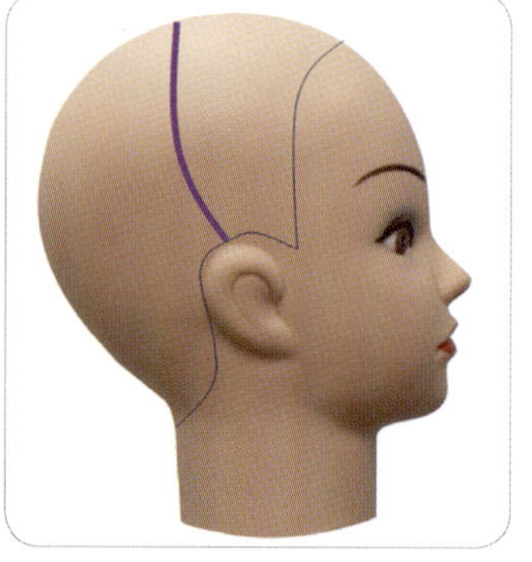

2) 시술과정 사진과 내용

1 시술전 앞모습

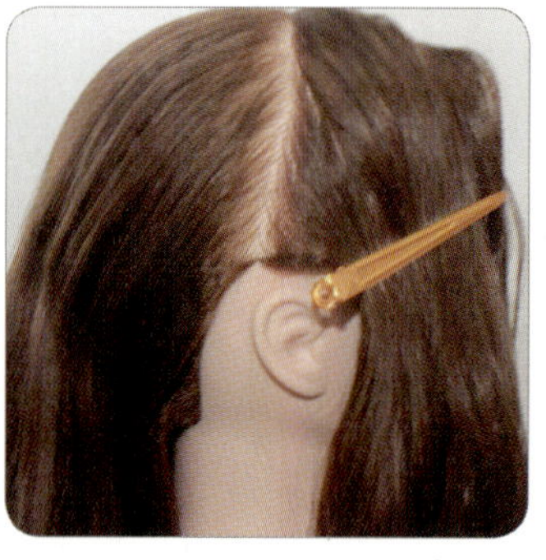

2 시술 전 옆모습

3 뒷모발 토대 위치 잡아 고무줄로 고정

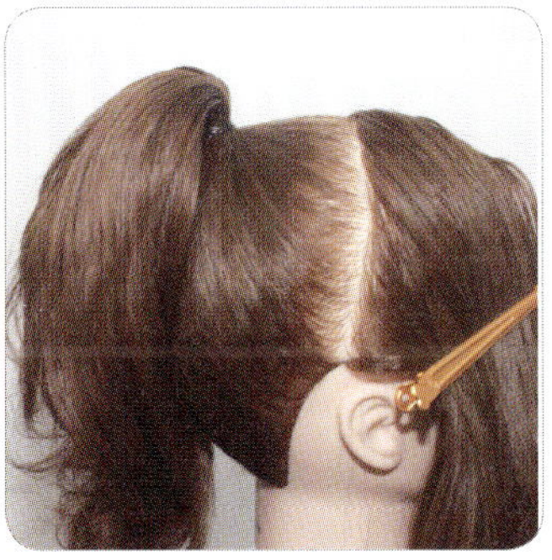

4 고정된 모습

5 토대 감추기

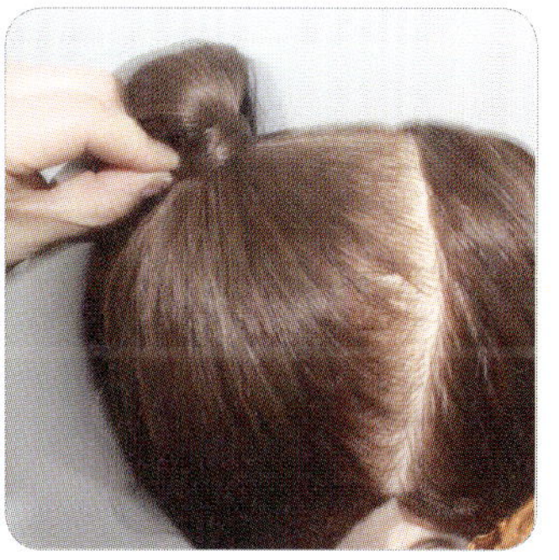

6 토개 감기

7 토대 모발 정리

8 토대 모발 다 같이 잡고

9 비대칭으로 말기

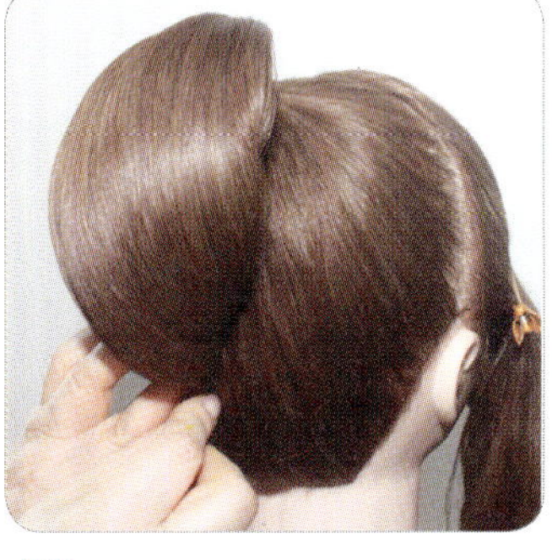

10 고정 함

11 모선 부분 빗으로 정리

12 자연스럽게 고리 만듦

13 완성된 모습

14 옆모습

15 앞모발 뒤로 당김

16 고정시킴

17 아래 모발 뒤 엇갈리게 당김

18 고정시킴

19 지그재그로 당김

20 당겨서 위치 확보함

21 확보한 모발 겹치기로 올림

22 마지막 부분 뒤로 당김

23 고정함

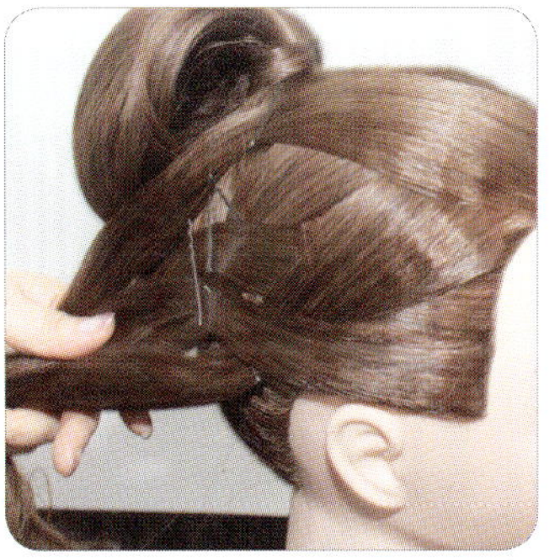

24 뒤로 당겨진 모발 정리

25 빗질 정리

26 토대 주위에 돌려서 마무리

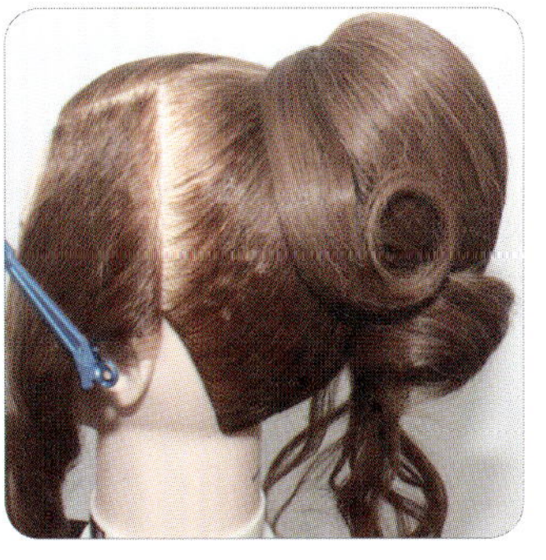

27 나머지 모발 동일하게 시술

28 고리 만듦

29 고리 완성 후 모습

30 반대편 모습

31 고리 만들어 마무리

32 완성된 옆모습

33 완성된 뒷모습

34 완성된 뒷모습

35 완성된 뒷모습

36 완성된 앞모습

37 액세서리 옆모습

드레스 업스타일 시술 2

드레스 업스타일 시술 3

1. 작품해석

1) 느낌 설명 : 포인트의 면이 넓게 표현되어 우아함과 자연스러움을 동시에 연출 되었다.

2) 시술기법 : 말기와 겹치기, 꼬기를 혼합하여 시술한다.

3) 시술 팁 : 토대의 위치가 중요하다. 토대를 골덴포인트(G.P) 조금 아래로 정한다. 두상의 면이 포인트로 모두 디자인 되어 보이지 않게 연출한다.

4) 응용스타일 : 어려보이지만 우아함이 강조되는 스타일, 고급스럽게 연출이 가능하다. 한복 업스타일에도 가능하다.

2. 시술순서

1) 파팅

(1) 옆가르마 한다.

(2) 파팅은 이어투이어파팅(E.P~E.P)을 한다.

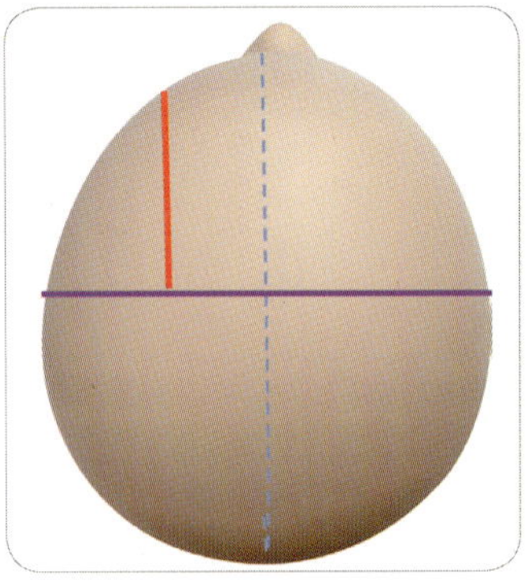

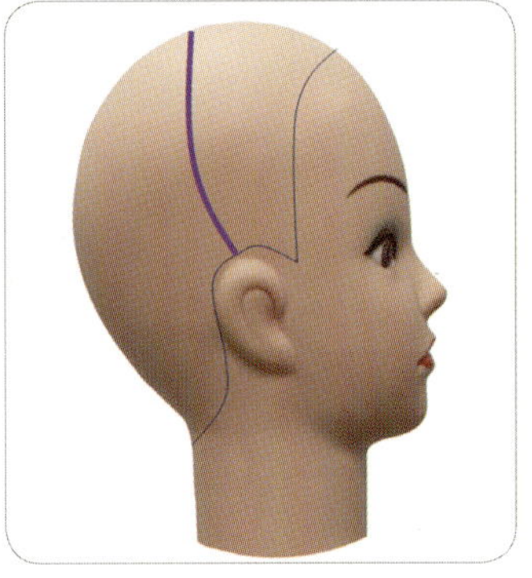

2) 시술과정 사진과 내용

1 옆 가르마 함

2 어어투파팅 함

3 백부분 수평 2등분하여 묶음

4 아래 부분 다시 이등분 함

5 반대편으로 당김

6 고정

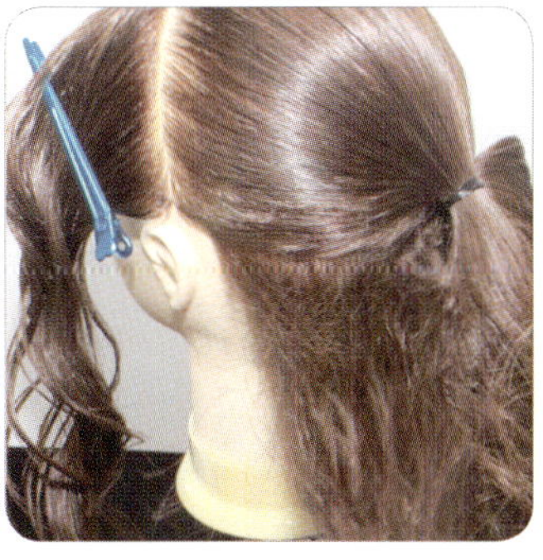

7 반대편 모습

8 당겨서 고리 만듦

9 확대 모습

10 고정된 모습

11 네이프 보발 정리

12 반대편으로 당겨서 고리 만듦

13 마지막 부분 정리

14 고리 만듦

15 윗 부분 모발 정리

16 토대 감추기

17 감춘 모습

18 토대 모발 말기 시술

19 고정시킴

20 다른 부분 모발 고리 만듦

21 고리 완성 모습

22 앞모발 뒤로 당겨 고정

23 아래 모발 뒤로 당김

24 고정

25 아래 모발 꼬아서 뒤로 당겨 고정

26 완성된 모습

27 남은 모발 말기 시술

28 남은 모발 말기

29 옆모발 정리

30 옆모발 뒤로 정리 하여 마무리

31 완성된 뒷모습

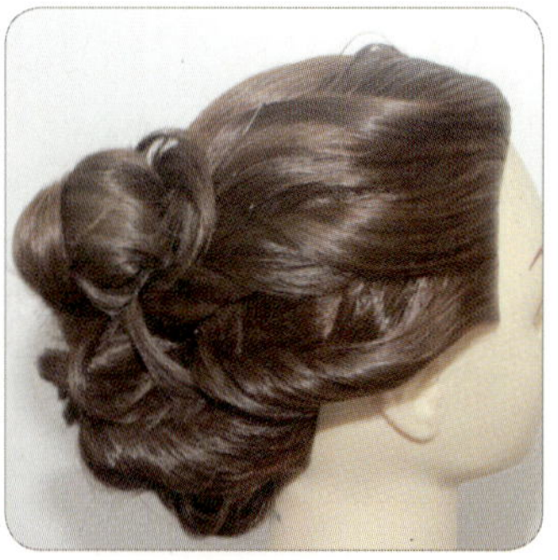

32 완성된 옆모습

33 완성된 앞모습

34 완성된 옆모습

35 액세서리 옆모습

36 액세서리 앞모습

37 액세서리 뒷모습

38 액세서리 옆모습

39 액세서리 옆모습

드레스 업스타일 시술 3

드레스 업스타일 시술 4

1. 작품해석

1) 느낌 설명 : 단순하면서도 깔끔한 스타일이다.

2) 시술기법 : 묶음을 하지 않고 시술한다. 백코밍으로 힘을 가해 실핀으로 토대를 만든다. 일명 소라머리로 알려져 있다.

3) 시술 팁 : 간단해 보이지만 실핀 고정력이 중요하다. 옆머리의 빗질 방향이 너무 위로 향하지 않게 하여 간결하고 우아한 느낌으로 연출한다.

4) 응용스타일 : 토대 상위로는 디자인의 기법으로 다양한 디자인 연출이 가능하다.

2. 시술순서

1) 파팅

(1) 옆가르마 한다.

(2) 노파팅한다.

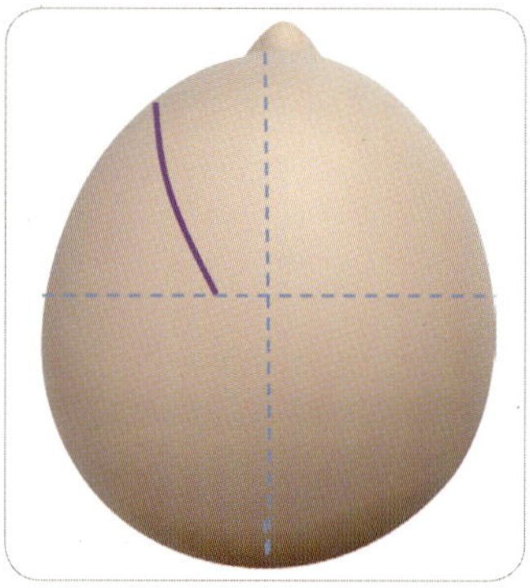

2) 시술과정 사진과 내용

1 시술 전 모 습

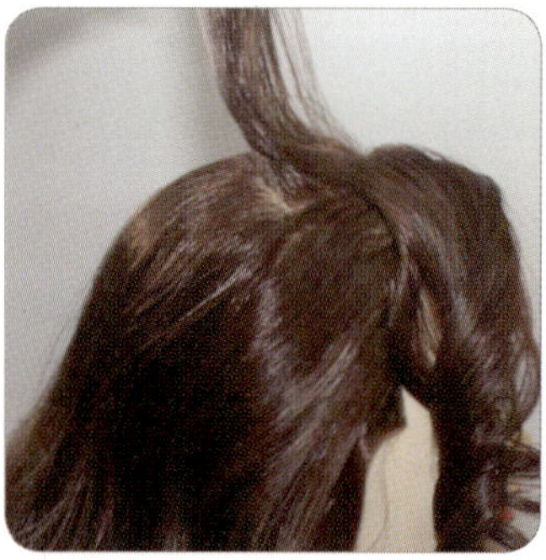

2 이어투 이어투 파팅 후 탑부분 백코밍

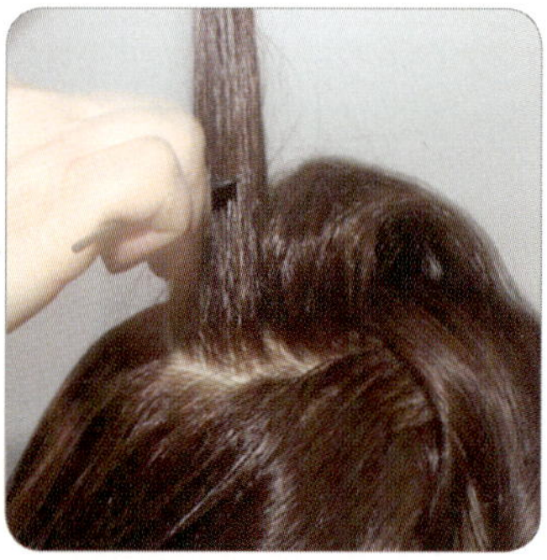

3 백코밍 진행

4 백코밍 진행

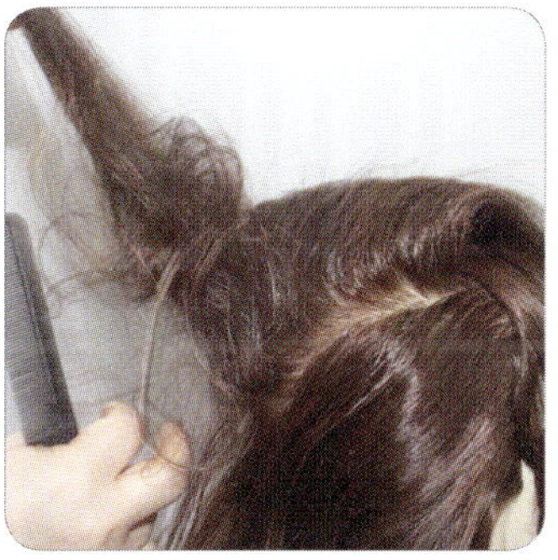

5 백코밍 진행

6 백코밍 진행

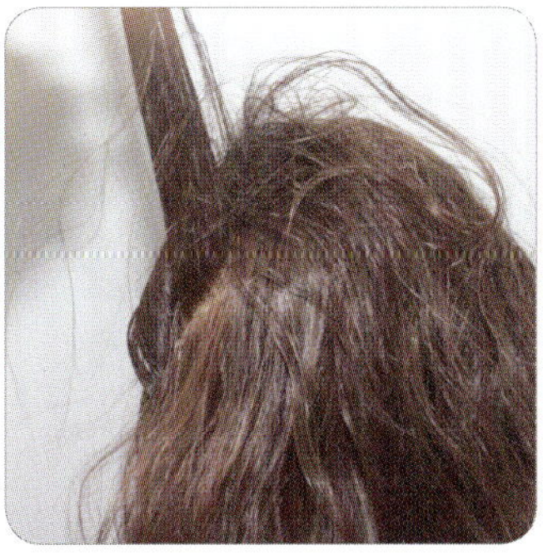

7 뒷부분 벡코밍 진행

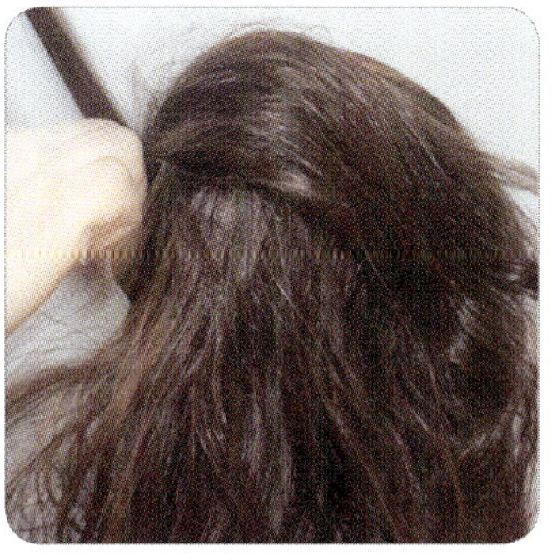

8 뒷부분 벡코밍 진행

9 옆모발 빗질하어 징리하어 고징

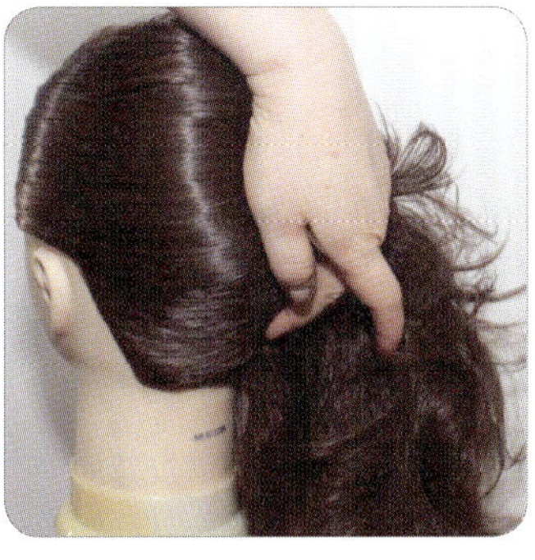

10 위치 잡기

11 고정

12 고정

13 핀고정

14 핀고정

15 고정된 후 모발 정리

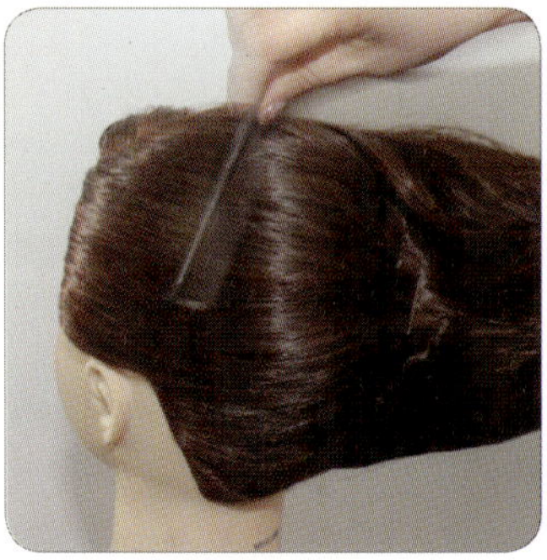
16 매끈하게 표면정리

17 모발 다발 말아서 위치 잡기

18 모양 만들기

19 말기 후 모습

20 모양 정리

21 스프레이 정리

22 뒷부분 정리 된 모습

23 앞 모발 정리

24 뒤로 빗질로 당김

25 마무리

26 완성된 뒷모습

27 완싱된 옆모습

28 완성된 뒷모습

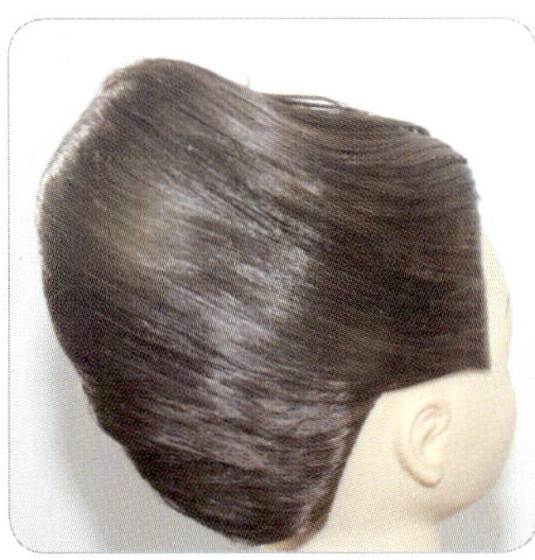

29 완성된 옆모습

30 완성된 앞모습

드레스 업스타일 시술 4

chapter 09

세미업스타일

practical up-style

1. 세미업스타일이란?

업스타일의 일종으로 머리를 후두부의 가운데 정도에서 모은 것. 오래 전 고대 그리스의 머리형에서 볼 수 있으며, 17세기에도, 19세기 후반부터 20세기에 걸쳐서도 유행했다. 자주 선보이는 업스타일로 뒷머리 쪽에서 목과 정수리 중간에 업스타일을 하고 옆머리는 자연스럽게 몇 가닥을 늘어뜨려 부드럽고 우아한 스타일로 연출 하는 것이 특징이다. 세미란 뜻은 절반이라는 뜻이 있다. 업스타일 헤어스타일에서도 모든 모발을 업스타일로 올리는 것이 아닌 부분 부분은 올리지 않고 자연스럽게 흘러내리게 시술하는 것을 말한다. 업스타일 시술을 한 듯, 안 한 듯 느낌을 준다. 돌잔치, 자축행사, 가벼운 파티 등에 어울리는 스타일이다.

2. 사용도구

업스타일 시술 도구

세미업스타일 시술 1

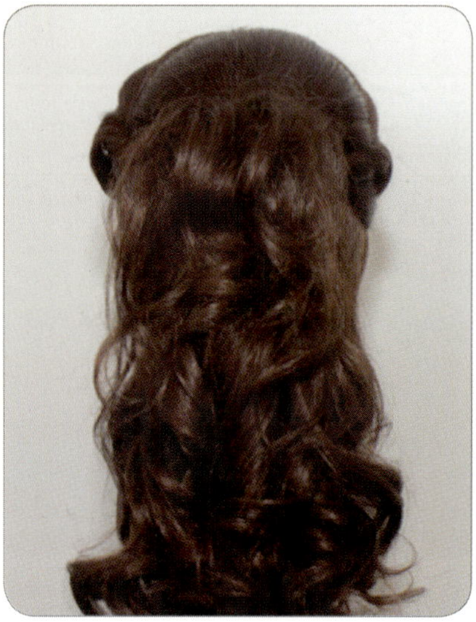

1. 작품해석

1) 느낌 설명 : 젊은 층이 선호하는 스타일이며 모발의 길이가 길어야 가능한 디자인이다. 한복보다는 드레스에 어울리는 디자인이다.

2) 시술기법 : 기본적으로 전체적인 웨이브 형성이 디자인에 더 중요한 시술방법이다. 웨이브 형성은 바깥말음으로 자연스럽게 한다.

3) 시술 팁 : 토대의 묶음과 옆머리와 남아 있는 웨이브 머리의 연결감을 자연스럽게 연출한다.

2. 시술순서

1) 파팅

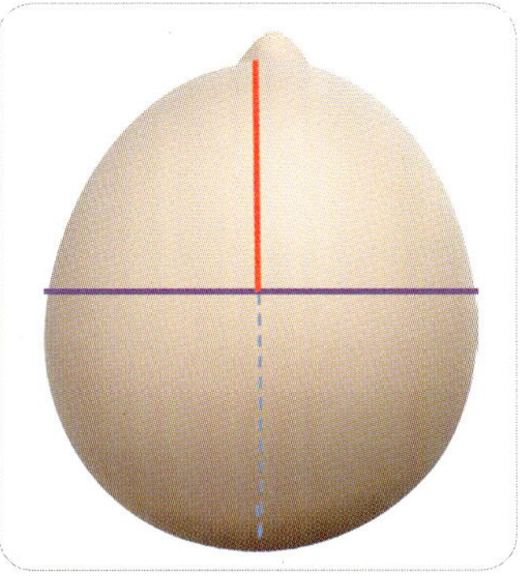

1 중앙 가르마 한다.

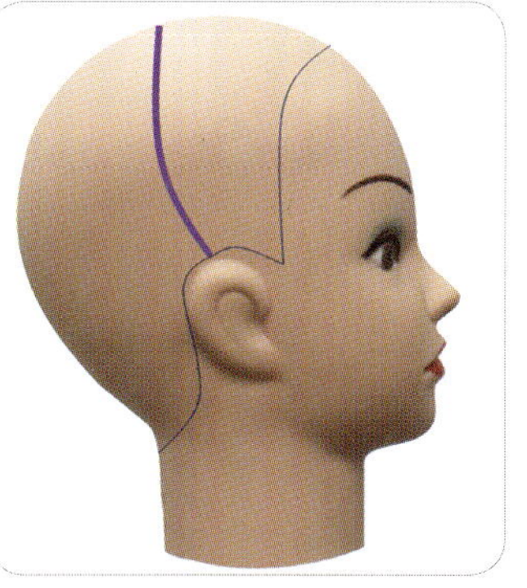

2 파팅은 이어투이어파팅(E.P~E.P)을 한다.

2) 시술과정 사진과 내용

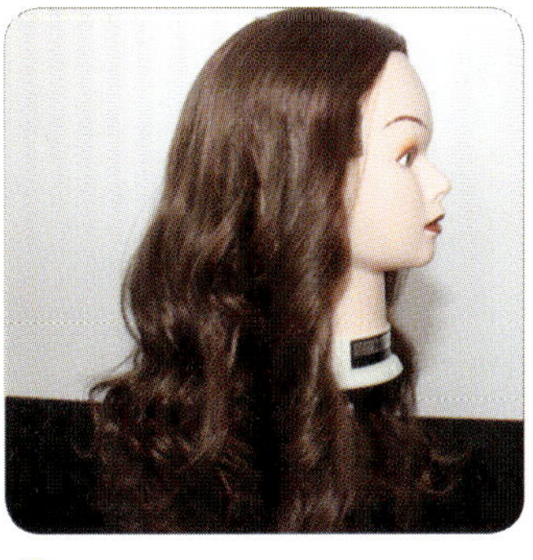

1 시술 전 모습

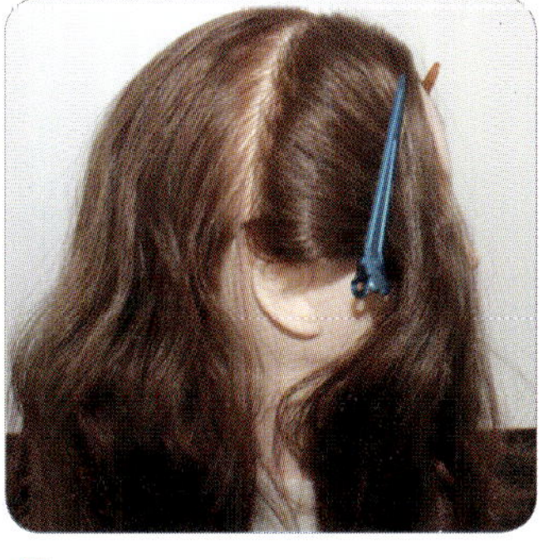

2 이어투 이어 파팅

3 탑부분 백코밍

4 뒤 모발 1/2 나눠 뒤로 당김

5 위 모발 토대 잡고 고무줄로 고정

6 토대 꺾어서 고정

7 고정 시킨 모습

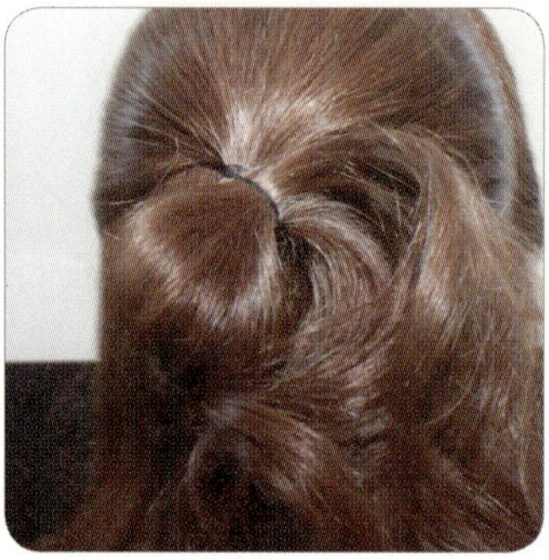

8 윗에서 본 모습

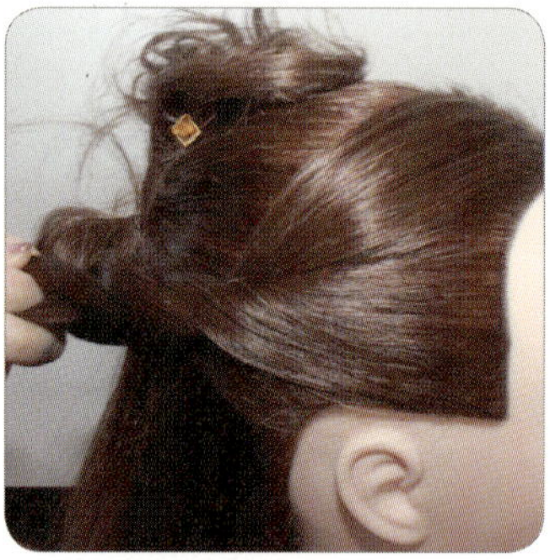

9 옆모발 뒤로 꼬아 당김

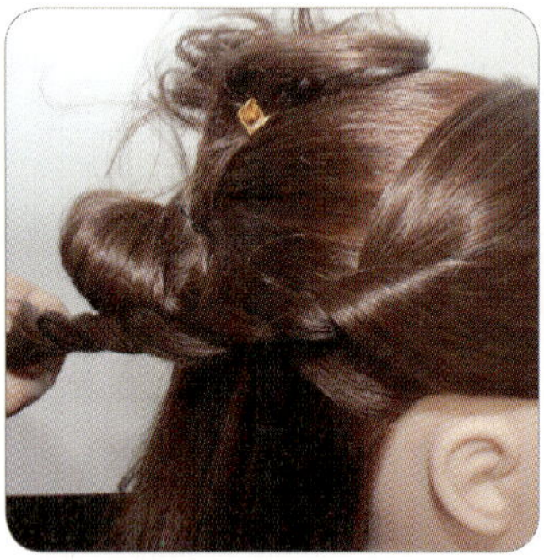

10 꼬기 진행

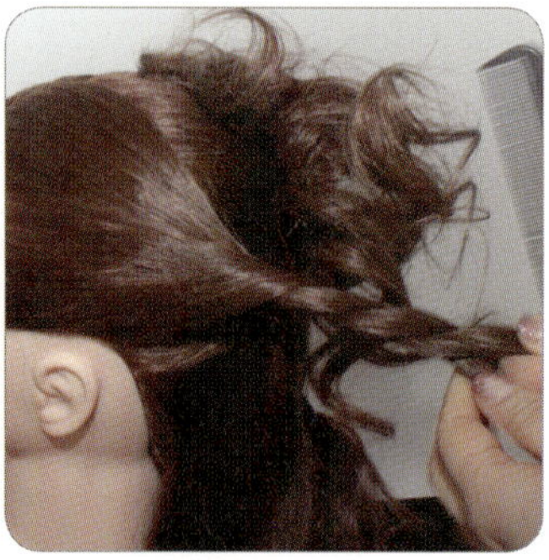

11 옆 모발 꼬아 당김

12 양 옆 모발 같이 잡기

13 잡아서 고무줄로 고정

14 위 모발 내린 모습

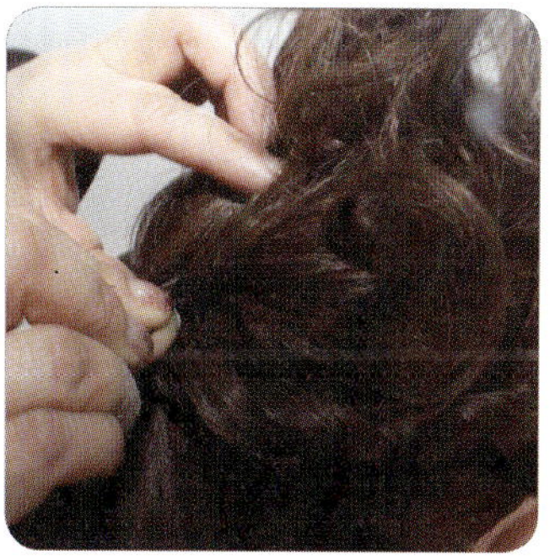

15 부분 부분 정리하기

16 진세 완싱된 옆모습

17 완싱된 앞모습

18 완성된 엎모습

19 완성된 뒷모습

세미업스타일 시술 1

세미업스타일 시술 2

1. 작품해석

1) 느낌 설명 : 묶음이 만들어지지 않는 업스타일로 간결함과 단정함을 연출한다.

2) 시술기법 : 시술 기법은 로프로 디자인하여 웨이브와 잘 연결하여 시술한다.

3) 시술 팁 : 탑의 볼륨을 살려 토대를 형성하고, 웨이브의 흐트러짐이 없게 한다.

4) 응용스타일 : 세미업스타일이지만 드레스와 잘 어울려 자연스러운 연출이 가능하다. 가벼운 파티나 업스타일에 민감한 사람들에게 편하게 디자인할 수 있다.

2. 시술순서

1) 파팅

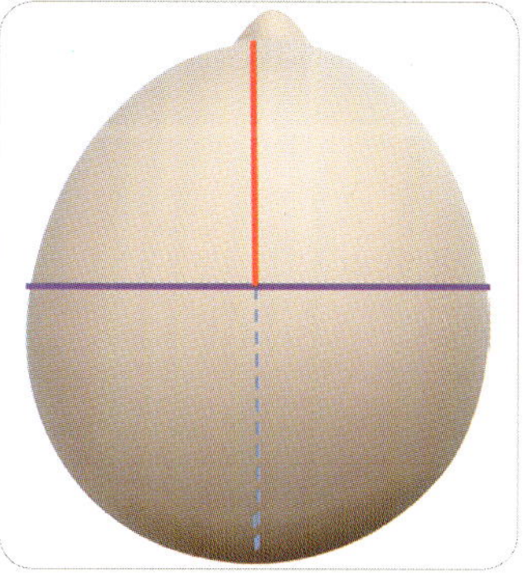

1 중간 가르마 한다.

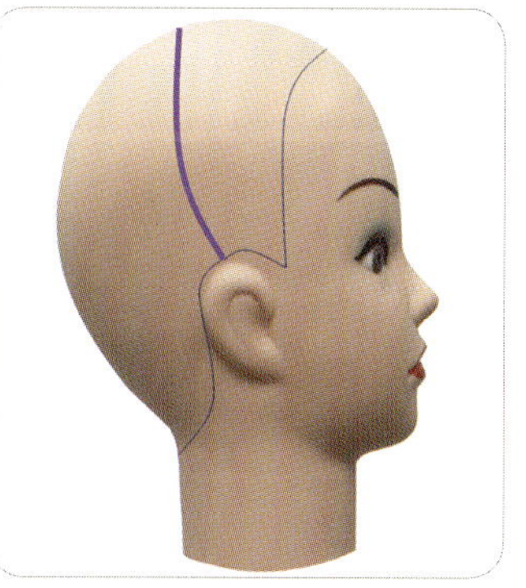

2 파팅은 이어투이어파팅(E.P~E.P)을 한다.

2) 시술과정 사진과 내용

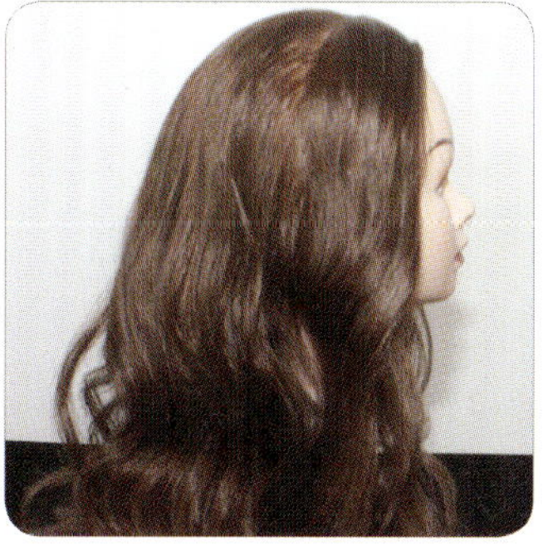

1 시술 전 모습

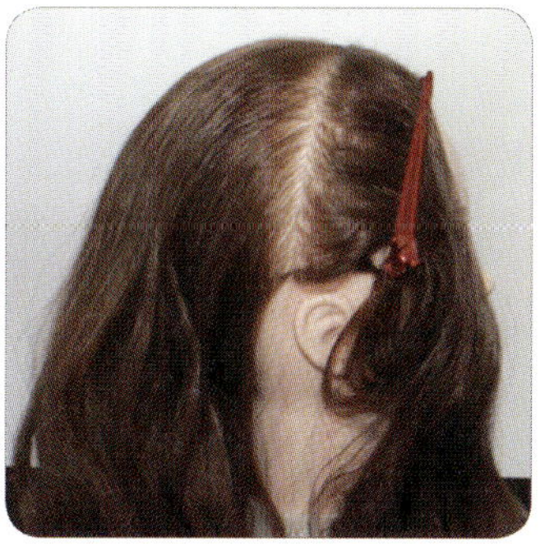

2 이어 투 이어 파팅

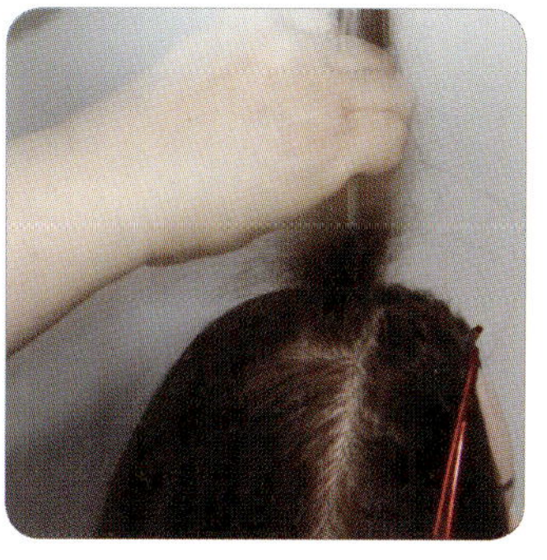

3 탑부분 백코밍

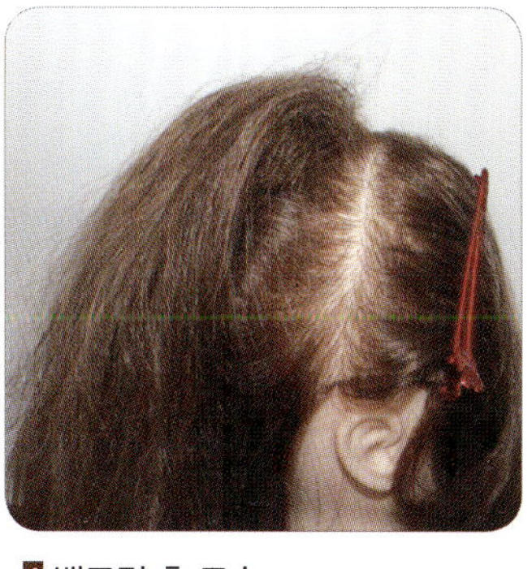

4 백코밍 후 모습

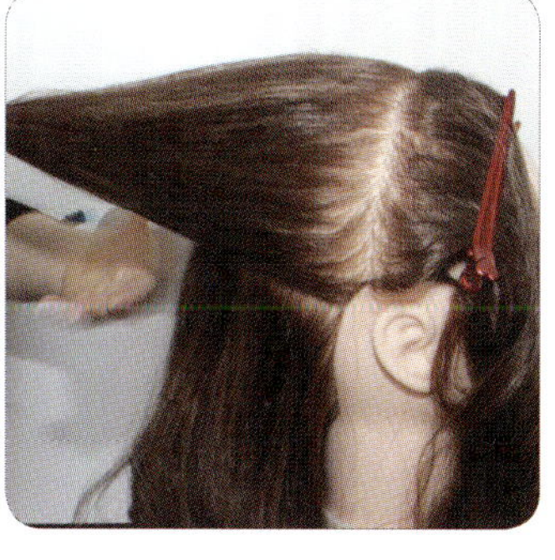

5 뒷부분 1/2 나눔

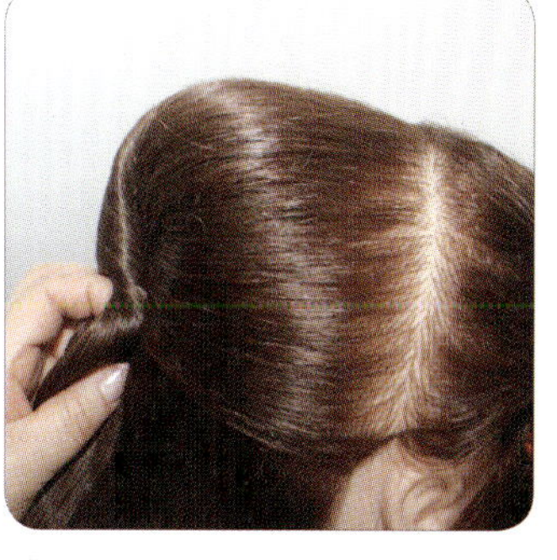

6 모선 부분 모은 후 꼬아서 고정

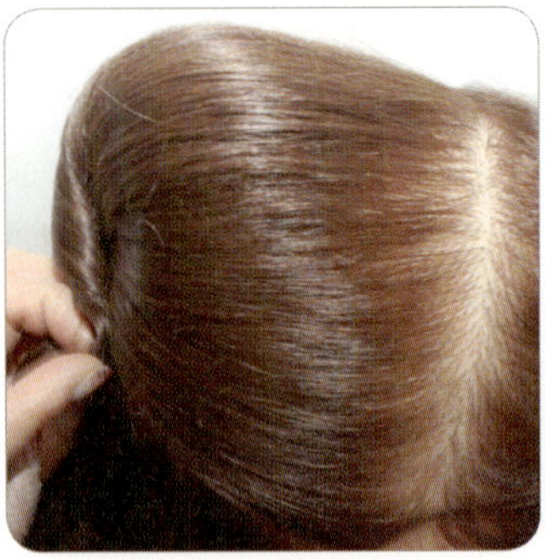

7 핀으로 고정

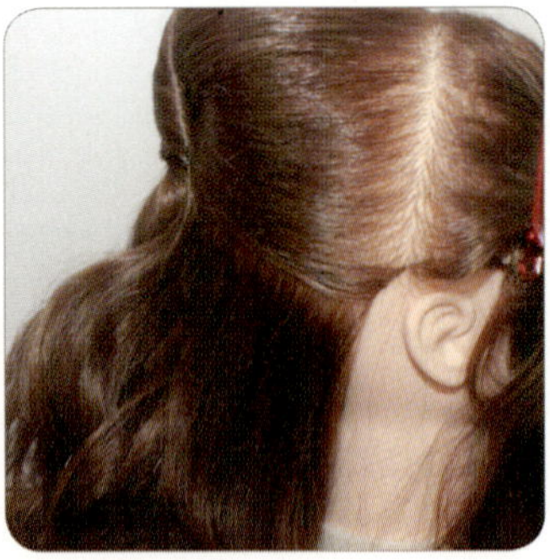

8 고정된 모습

9 모선부분 모발 말기 하여 모양 만듦

10 말기 후 모습

11 옆모발 뒤로 당김

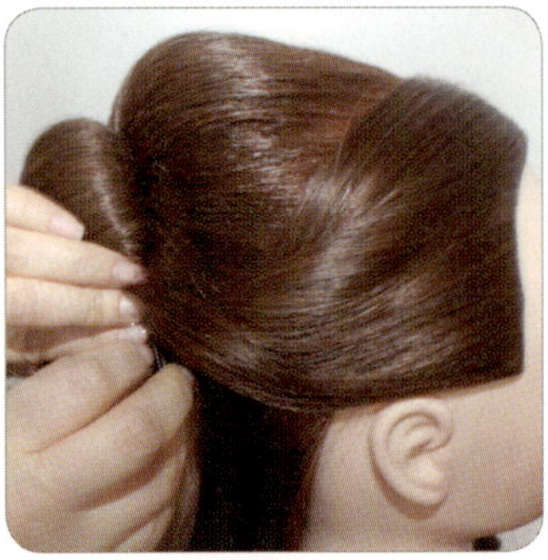

12 고정

13 반대 편 옆모발 한번 꼬아서 뒤로 당겨 고정

14 핀고정 후 모습

15 뒷부분 아래 부분 모발 정리

16 백포인트로 한번 꼬아서 당겨 고정

17 반대편 모발 동일하게 시술

18 고정 시킴

19 완성된 뒷모습

20 완성된 옆모습

21 확대 완성된 옆모습

22 완성된 뒷모습

23 완성된 앞모습

세미업스타일 시술 2

세미업스타일 시술 3

1. 작품해석

1) 느낌 설명 : 조금은 역동적이고 발랄한 느낌으로 연출한다.

2) 시술기법 : 꼬기의 시술기법으로 시술한다.

3) 시술 팁 : 꼬기의 느낌과 맞추어 웨이브의 형성과 리지감이 강한 느낌으로 디자인한다.

4) 응용스타일 : 한복과 드레스보다는 평상복에 케주얼한 느낌으로 연출 가능하다.

2. 시술순서

1) 파팅 : 양쪽 프론트사이드포인트(F.S.P)를 연결하여 수평 파팅한다.

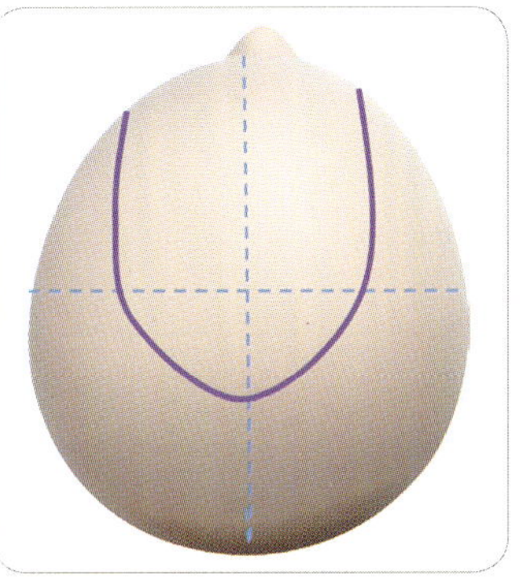

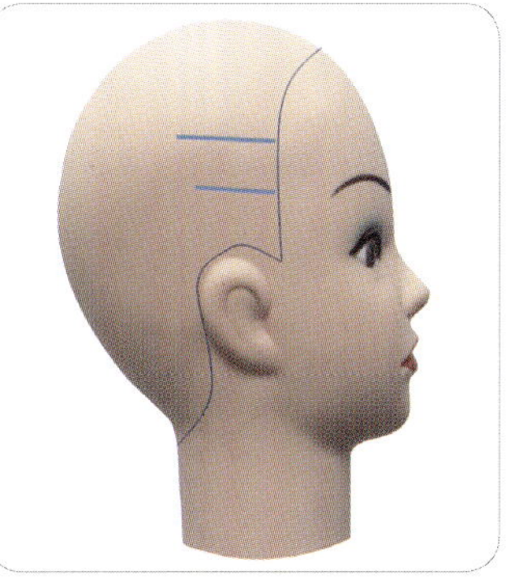

2) 시술과정 사진과 내용

1 시술 전 모습

2 탑부분 분리 정리

3 두가닥 꼬기

4 꼬기 진행

5 꼬은 후 감아서 토대 만듦

6 옆모발 꼬아서 토대 주변으로 당김

7 토대 주변으로 감기

8 아래 모발 동일하게 시술

9 완성된 모습

10 반대편 모발 뒤로 정리

11 꼬아서 뒤에 고정

12 다음 부분 꼬아서 고정

13 모선부분 정리

14 마무리

15 확대 완성된 뒷모습

16 전체 완성된 뒷모습

17 전체 완성된 옆모습

18 확대 완성된 옆모습

19 확대 완성된 앞모습

20 확대 완성된 옆모습

21 전체 완성된 옆모습

세미업스타일 시술 3

chapter 10

쇼트 길이의 업스타일

practical up-style

1. 쇼트 업스타일이란?

쇼트(Short)는 "짧은"이라는 뜻이다. 업스타일 시술 시 긴 머리만 시술하는 것이 아니라 고객의 모발이 짧은 경우 이때 업스타일 시술하는 것을 쇼트 업스타일이라 한다. 모발이 짧아 액세서리 등을 같이 이용하여 시술하기도 한다.

2. 시술 도구

업스타일 시술 도구

쇼트 업스타일 시술 1

1. 작품해석

1) 느낌 설명 : 짧은 모발이지만 싱(솜다발) 이용하여 탑부분의 볼륨감을 주어 키가 커 보이는 효과를 주었고, 짧은 머리이지만 옆머리를 꼬아서 단순함을 감소시켰다.

2) 시술기법 : 네이프에 포인트로 매끈한 빗질로 로프의 형태를 확실히 한다. 옆머리는 꼬기로 한다. 꼬기의 형태 볼륨은 잘 살려 매끈하고 확실한 질감을 살린다.

3) 시술 팁 : 단발 길이의 레이어가 되어 있는 모발을 매직기를 이용하여 웨이브를 형성한다. 모발의 양을 적게 잡아 시술하여 웨이브 형성을 확실히 한다. 싱(솜다발)을 이용하여 탑의 볼륨으로 양감을 조절한다.

4) 응용스타일 : 혼주의 업스타일에 적합하고 연령대는 40~60대까지 적절하다. 적절한 액세서리로 우아함과 단아함을 강조할 수 있다.

2. 시술순서

1) 파팅

(1) 옆 가르마 한다.

(2) 파팅은 이어투이어파팅(E.P~E.P)을 한다.

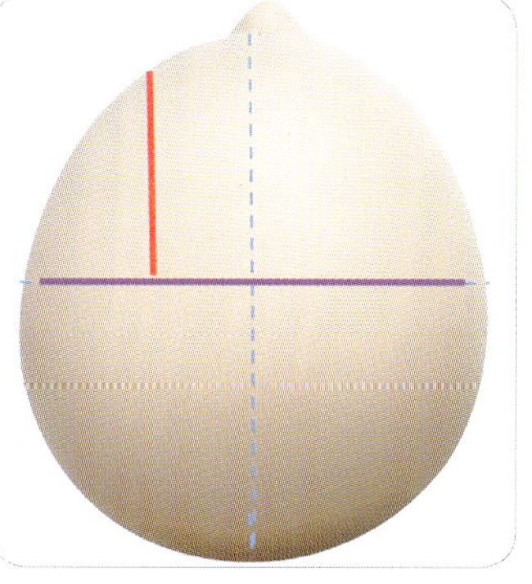

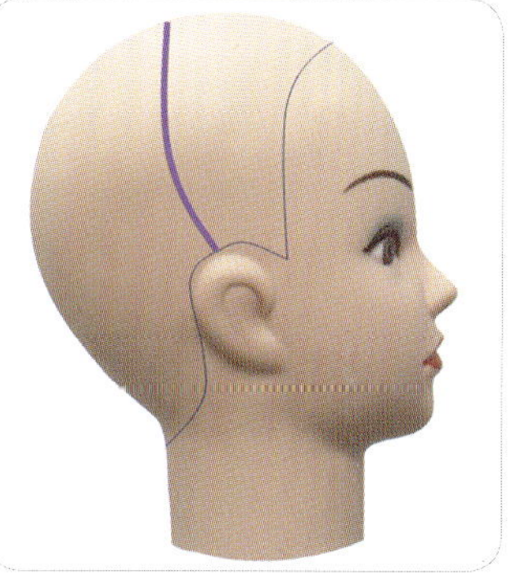

2) 시술과정 사진과 내용

1 시술 전 모습

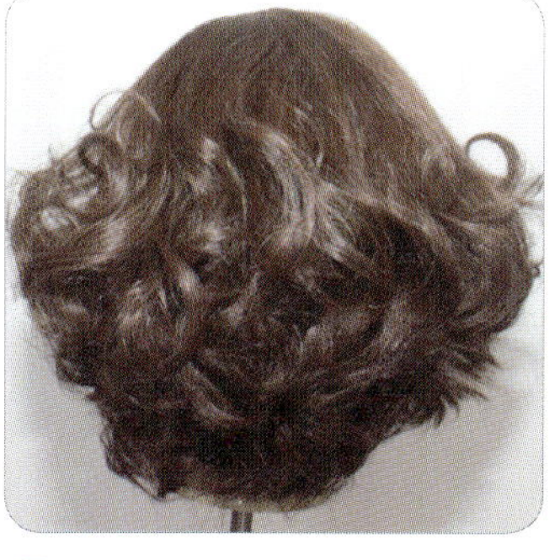

2 시술 전 뒷모습

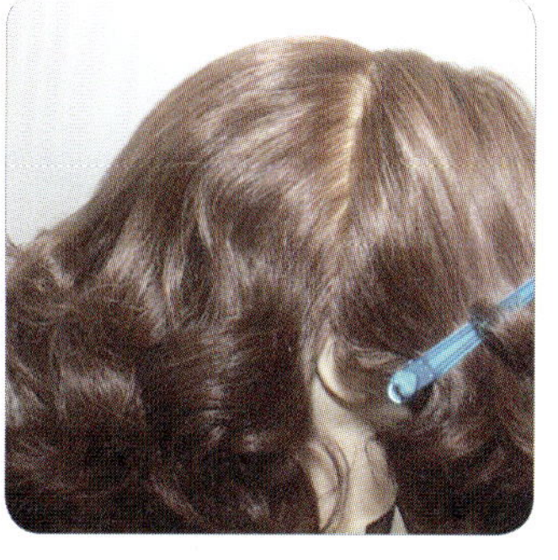

3 이어투 이어 파팅

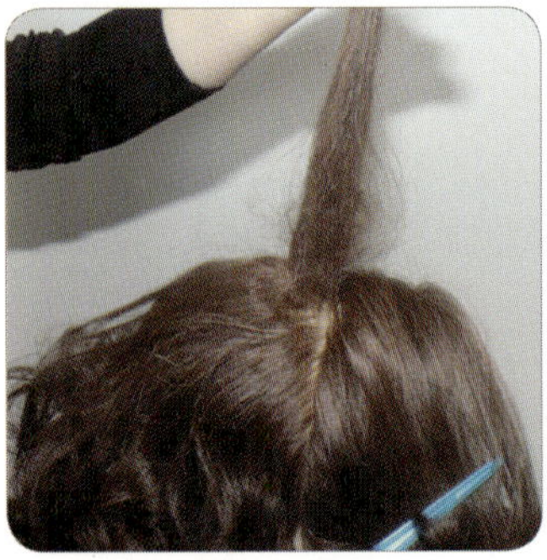

4 탑부분 백코밍 시술

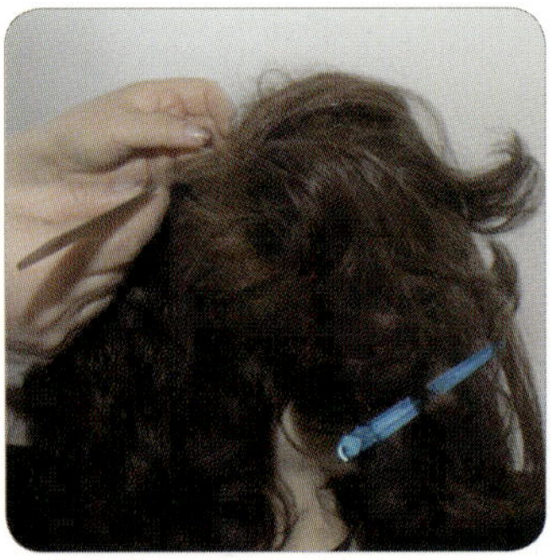

5 백코밍 시술

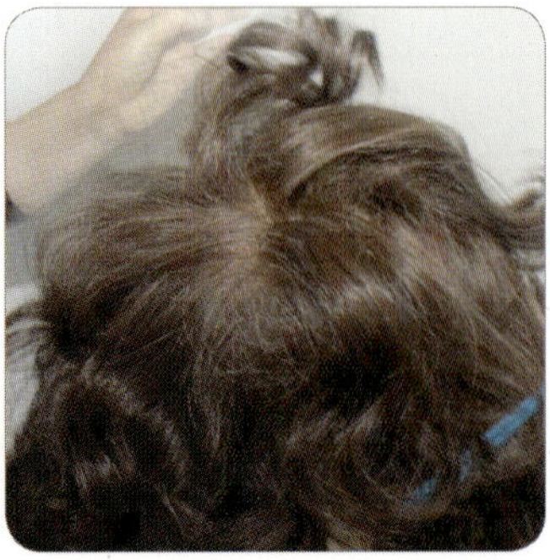

6 볼륨 줄 위치 정함

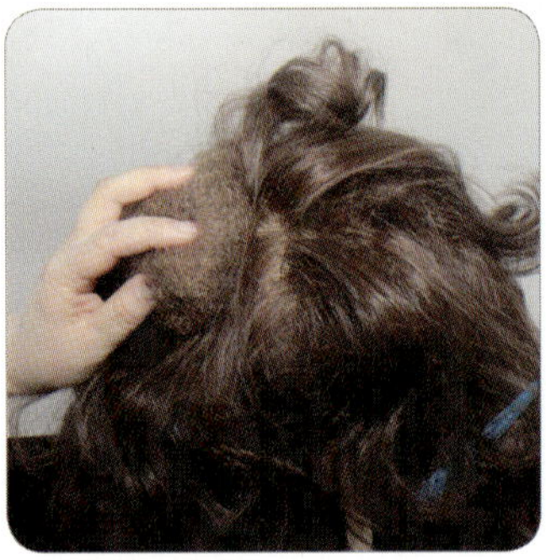

7 솜다발 위치

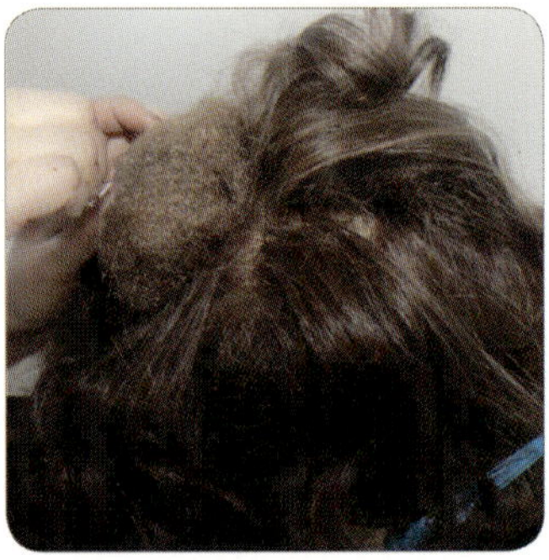

8 솜다발 고정

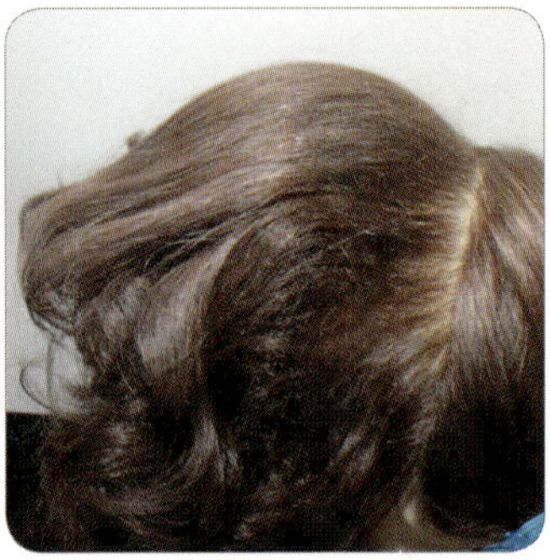

9 윗 모발 내려서 볼륨 형성

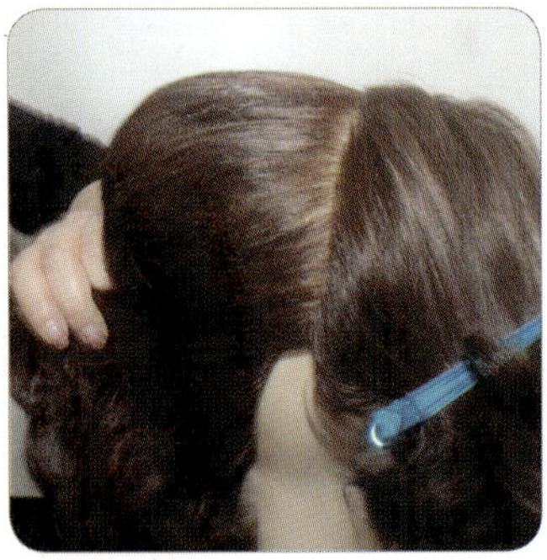

10 볼륨 정리

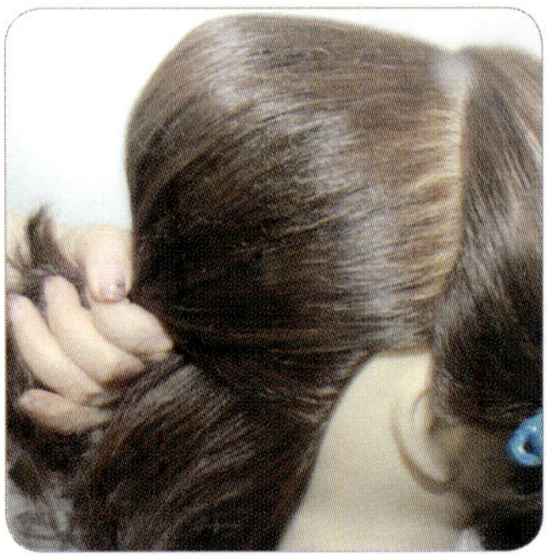

11 모선 모아 잡음

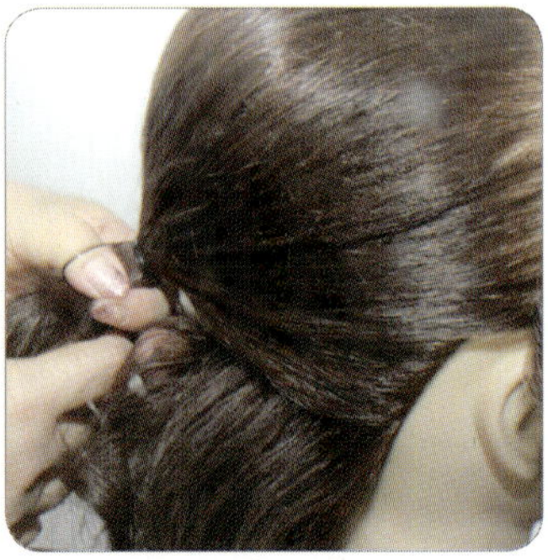

12 고무줄로 고정

13 부분 나뉜 모발 모선 부분 말아서 고정

14 다른 부분 빗질

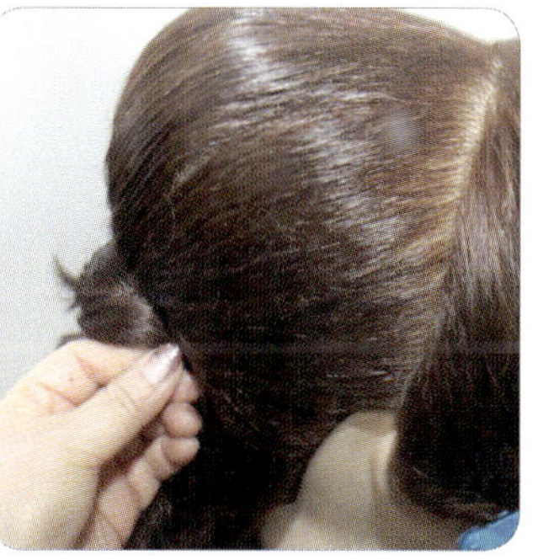

15 모선 말아서 고정

16 고정

17 다른 부분 모선 정리

18 뒷모습

19 네이프 부분 꼬아서 정리

20 모선 두피에 고정

21 고정된 모습

22 앞모발 틀어서 뒤로 넘김

23 옆모발 꼬아서 뒤로 당김

24 핀으로 고정

25 아래 부분 모발 꼬아서 뒤에 고정

26 앞모발 뒤로 당김

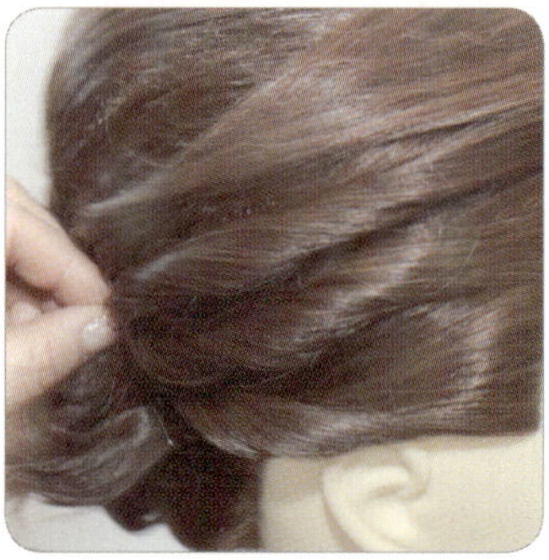
27 모선 고정

28 완성된 모습

29 모선 정리

30 고정

31 옆 모발 정리

32 옆 모발 뒤로 꼬아서 당겨 고정

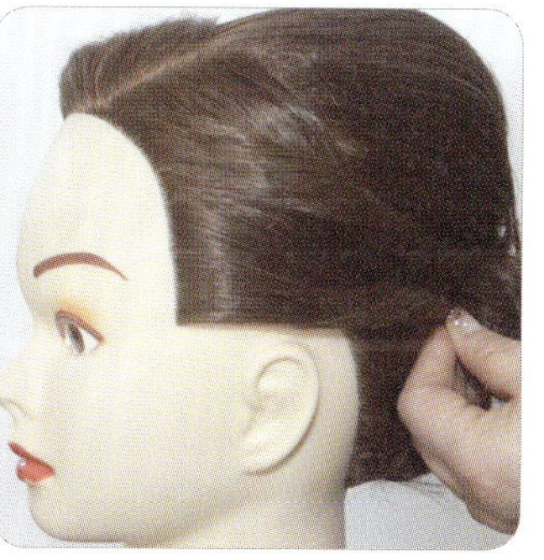

33 아래 부분 꼬아서 뒤로 당겨 고정

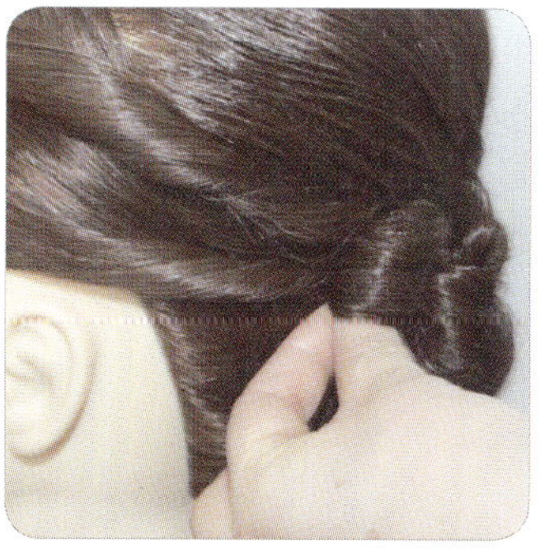

34 핀 고정 후 마무리

35 완성된 뒷모습

36 완성된 옆모습

37 완성된 앞모습

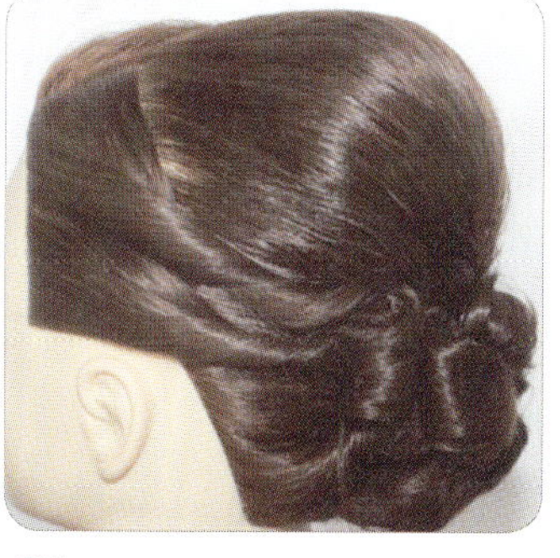

38 완성된 옆모습

39 액세서리 뒷모습

40 액세서리 뒷모습

숏트 업스타일 시술 1

쇼트 업스타일 시술 2

1. 작품해석

1) 느낌 설명 : 단발보다 조금 짧은 단차가 있는 스타일로 단아함보다는 자연스럽게 연출 한다. 앞머리는 자연스러운 방향성을 그대로 살려 전체적으로 부드럽고 온화한 이미지를 살린다.

2) 시술기법 : 바깥말음 컬 처리와 옆머리는 모선을 말아서 시술한다.

3) 시술 팁 : 모발 끝의 웨이브를 그대로 살려서 모발의 양을 그대로 살려 시술한다. 모량이 적은 모발에 적절하다.

2. 시술순서

1) 파팅

(1) 옆 가르마 한다.

(2) 파팅은 이어투이어파팅(E.P~E.P)을 한다.

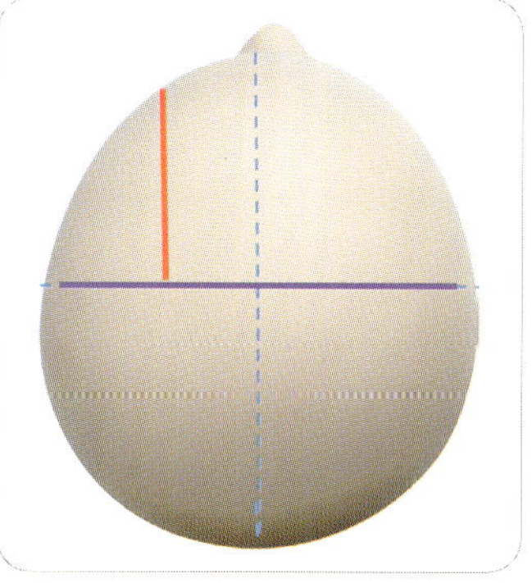

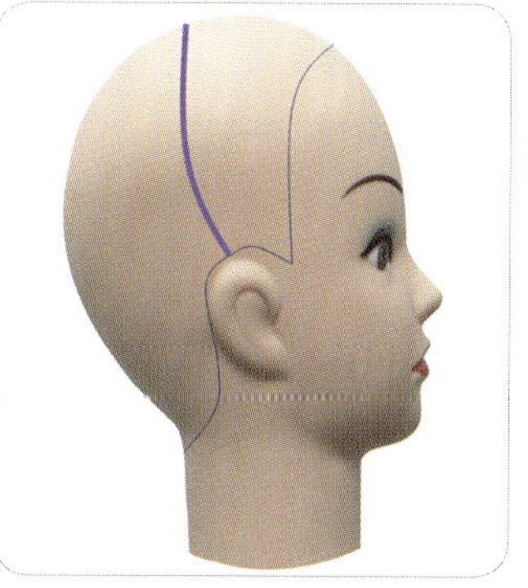

2) 시술과정 사진과 내용

1 시술 전 모습

2 시술 전 앞모습

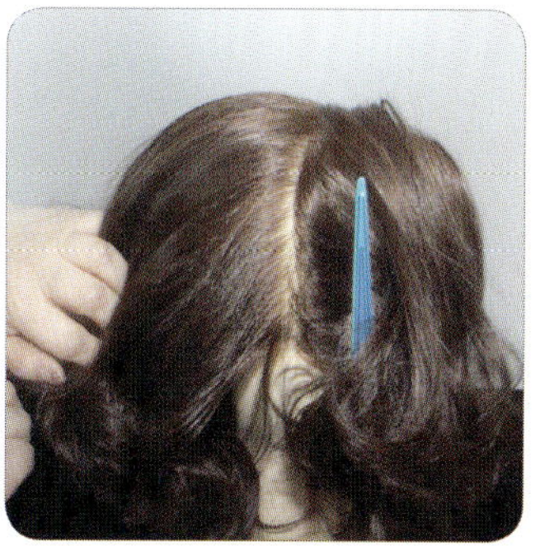

3 이어투 이어 파팅

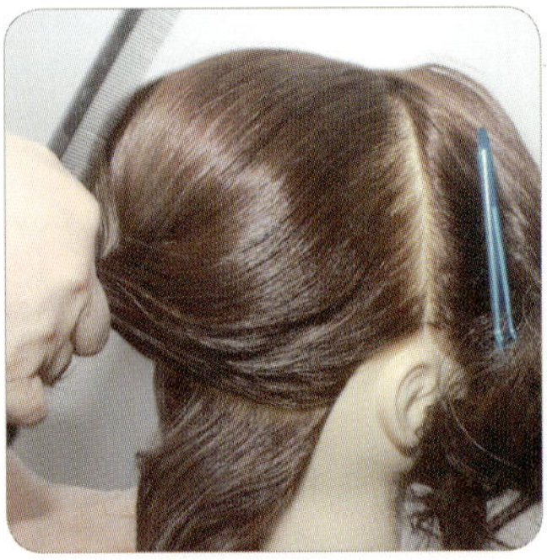

4 네이프 부분기준으로 1/2 나뉜 후 윗부분 모음

5 위 다발 모아서 고무줄로 고정

6 토대 감싸기

7 토대 감춘 모습

8 네이프 부분 모발 나눠서 토대로 가져감

9 반대편 모발 토대로 가져감

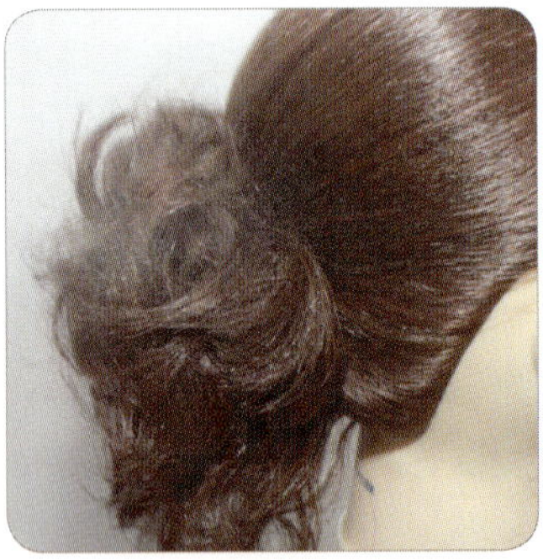

10 스프레이로 모양 고정

11 모양 정리(컬의 형태를 잘 살린다)

12 빗으로 모선 정리

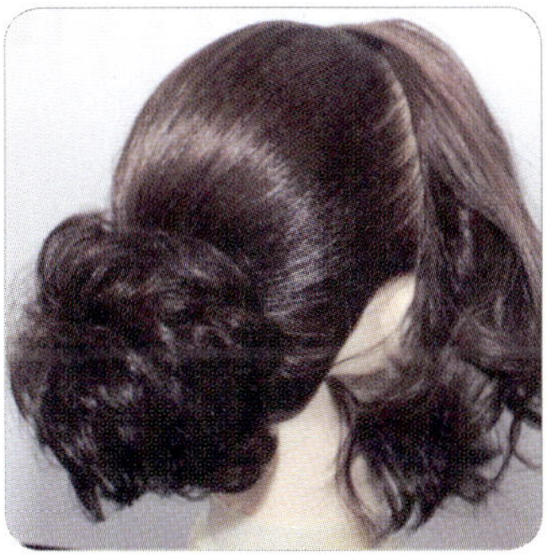

13 뒷모습

14 앞모양 빗질 후 정리

15 모선 말아서 정리

16 고정 위치 정함

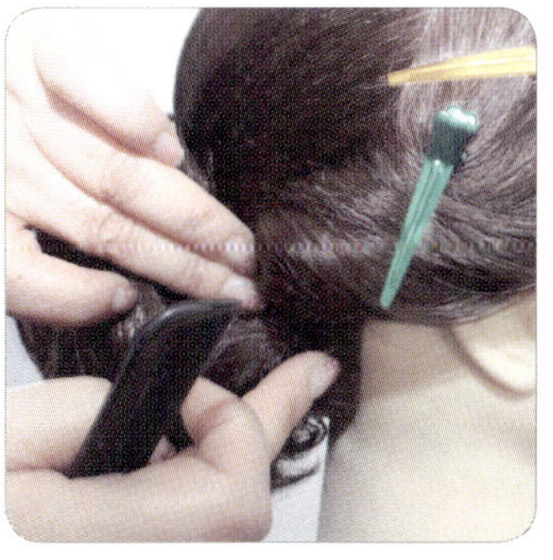

17 핀으로 고정

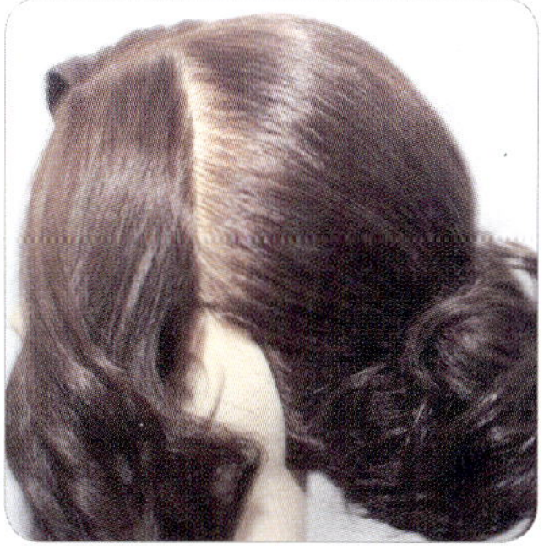

18 옆 모발 정리

19 모발을 꼬아서 정리

20 토대 가까이 당김

21 모선 부분 정리

22 마무리

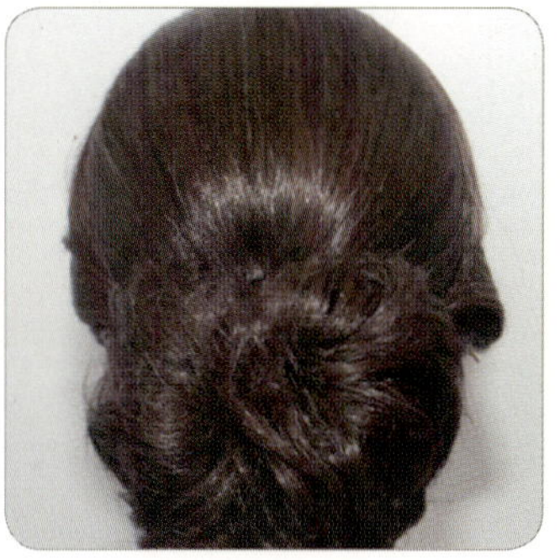

23 완성된 뒷모습

24 완성된 옆모습

25 완성된 앞모습

숏트 업스타일 시술 2

쇼트 업스타일 시술 3

1. 작품해석

1) **느낌 설명 :** 모선의 자연스러움을 강조하면서 혼인 등 격이 있는 자리에 어울리는 스타일이다.

2) **시술기법 :** 모발 끝의 자연스러움을 살리고 피스를 이용하여 시술한다.

3) **시술 팁 :** 모량이 적어나 길이가 짧은 모발에 피스를 이용하여 볼륨감을 살린다. 피스와 모발을 섞어 인위적인 느낌을 줄인다. 피스의 색깔을 최대한 모발 색과 맞추어 시술한다.

4) **응용스타일 :** 혼례 참가 시 짧은 모발에 시술하고 연령층이 젊은 혼주들에게 어울리는 스타일이다.

2. 시술순서

1) 파팅

(1) 옆 가르마 한다.

(2) 파팅은 이어투이어파팅(E.P~E.P)을 한다.

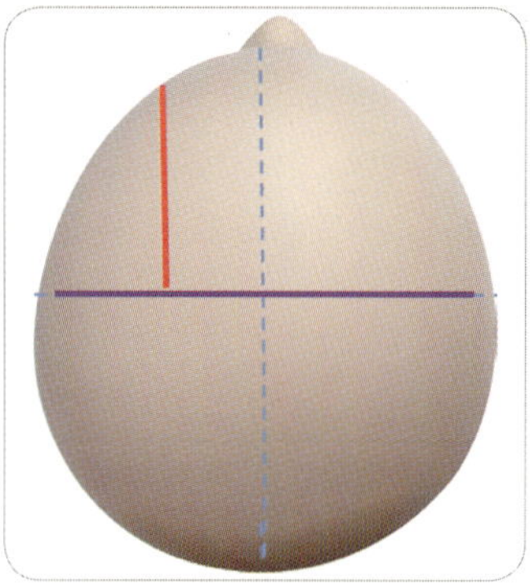

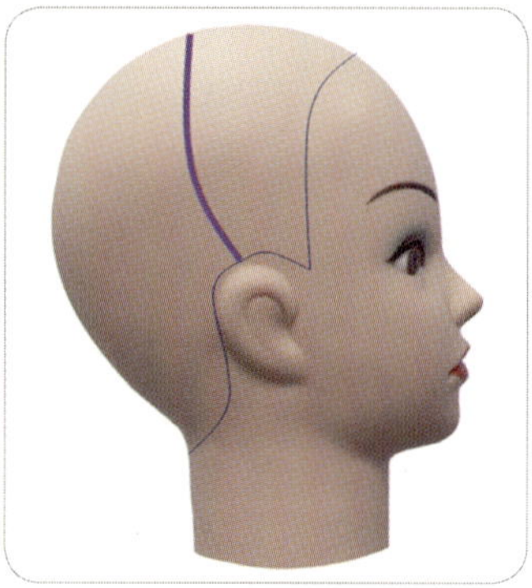

2) 시술과정 사진과 내용

1 시술 전 모습

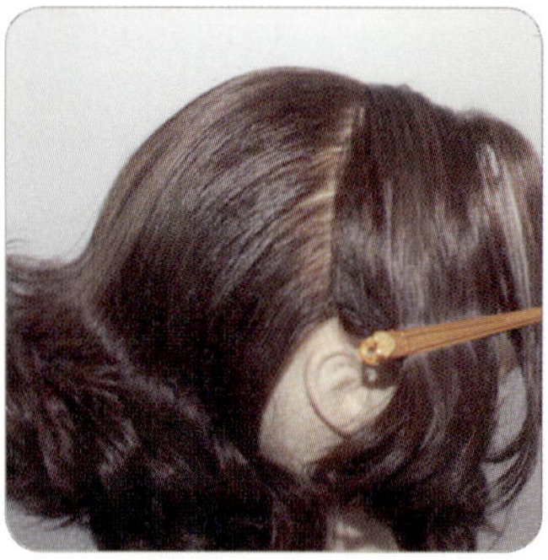

2 이어투 이어 파팅

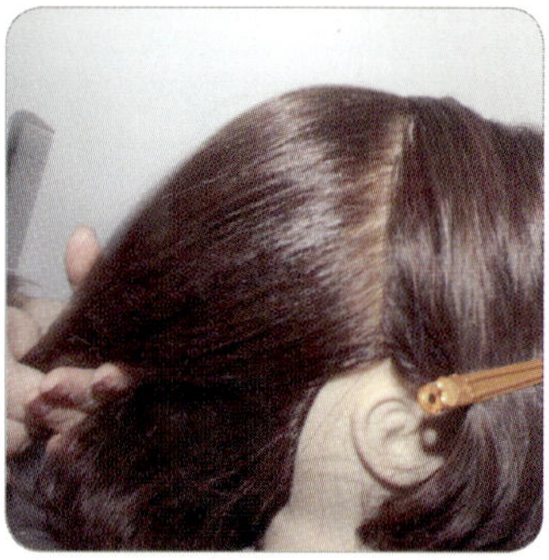

3 뒷부분 1/2 나누고 윗부분 모아 잡음

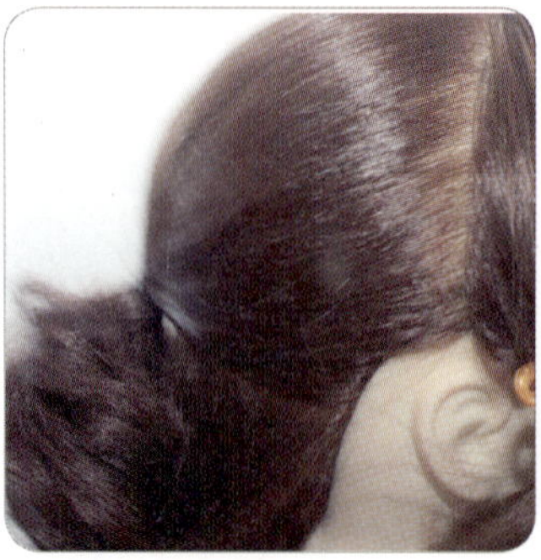

4 고무줄로 고정

5 줄피스 준비

6 줄피스 고정할 위치 잡음

7 줄피스 고정

8 줄피스 접어서 고정

9 모발 사이로 모양 만듦

10 고정시킴

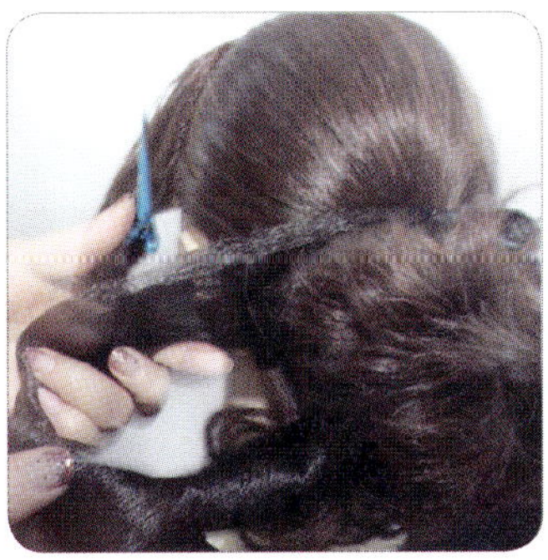

11 반대편 부분 줄피스 위치 정함

12 모빌과 어울리게 함

13 줄피스 고정 후

14 모선 부분 정리

15 말기로 모양 만들기

16 줄피스와 어울리게 모발로 모양 만들기

17 나머지 모발 다발 말기 등으로 모양 만들기

18 모양 만들기

19 네이프 부분 정리

20 모선 정리

21 고정

22 옆모발 정리

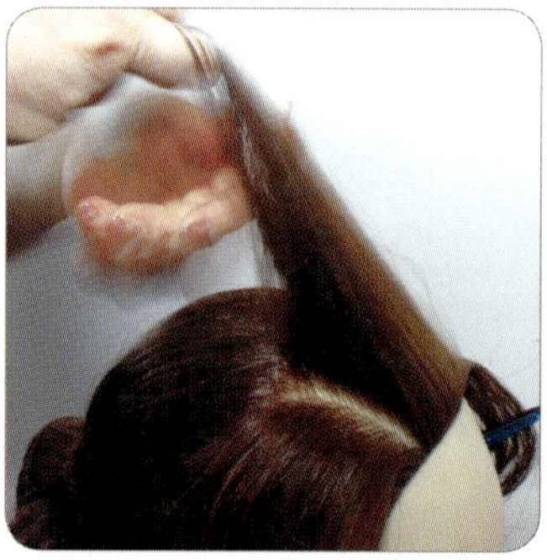

23 부분 나뉜 후 정리

24 윗부분 모발 꼬아서 뒤로 당김

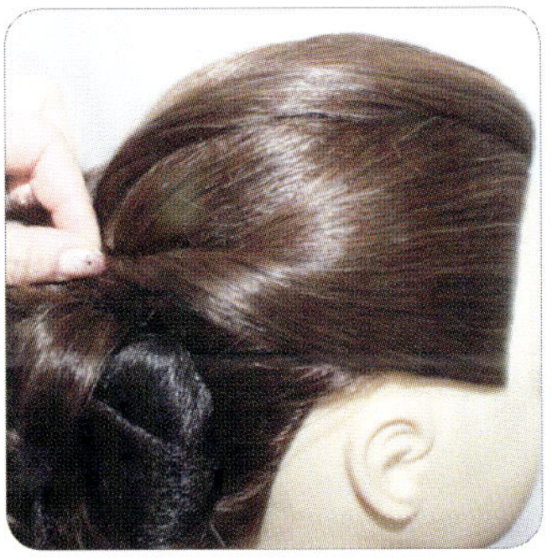

25 토대 부분에 고정

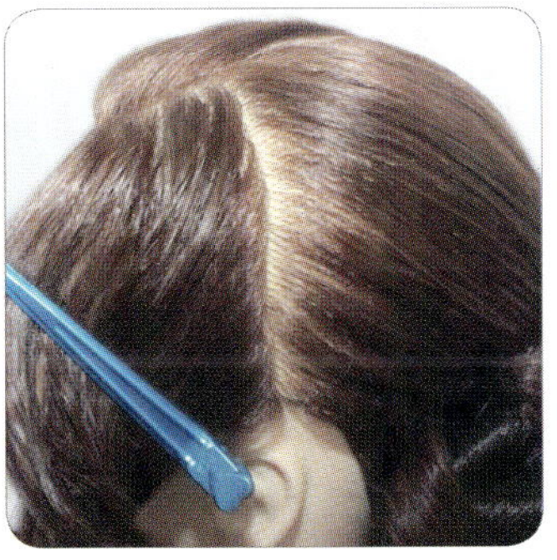

26 반대 옆 모발 파팅

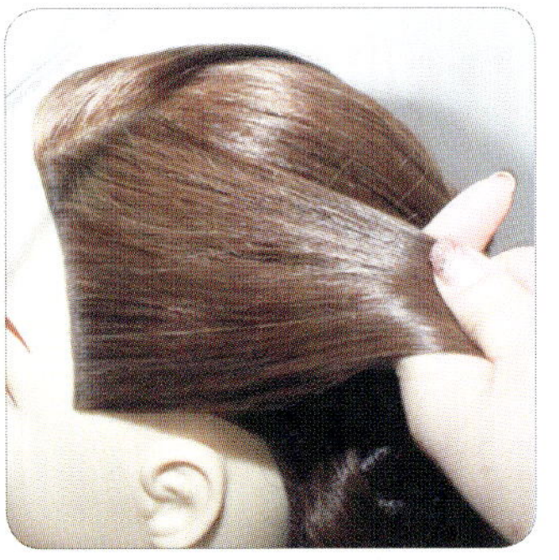

27 깨끗이 정리

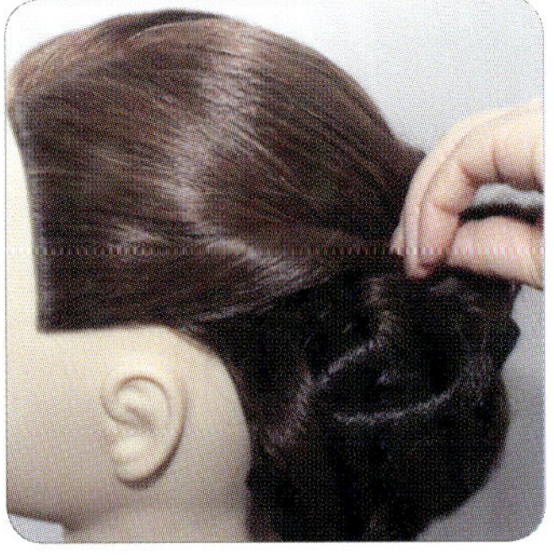

28 한번 꼬아서 토대주위에 고정

29 완성된 뒷모습

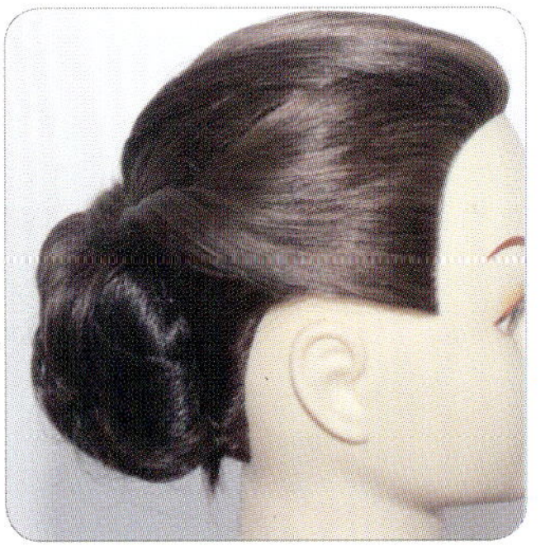

30 완성된 옆모습

31 완성된 앞모습

32 완성된 옆모습

숏트 업스타일 시술 3

쇼트 업스타일 시술 4

1. 작품해석

1) 느낌 설명 : 토대의 위치가 골덴포인트(G.P)부분으로 안정감보다는 발랄함과 경쾌함을 느낄 수 있은 스타일이다.

2) 시술기법 : 꼬기와 겹치기를 이용하여 시술한다.

3) 시술 팁 : 연령과 이미지 느낌에 따라 토대의 위치를 잘 정하여 시술한다.

4) 응용스타일 : 혼인 시 젊은 혼주의 업스타일에 응용 가능하다.

2. 시술순서

1) 파팅

(1) 옆 가르마 한다.

(2) 파팅은 이어투이어파팅(E.P~E.P)을 한다.

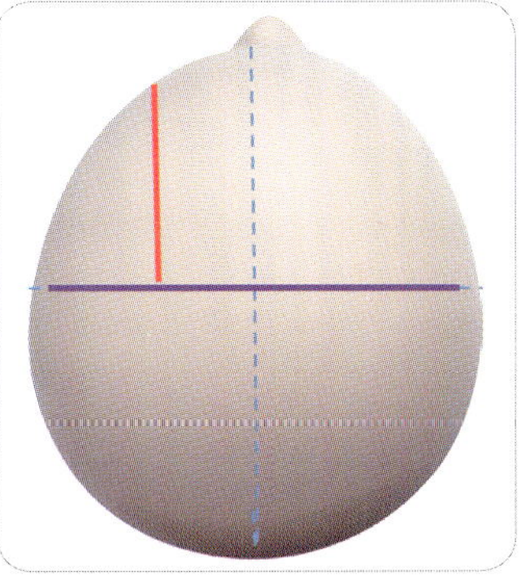

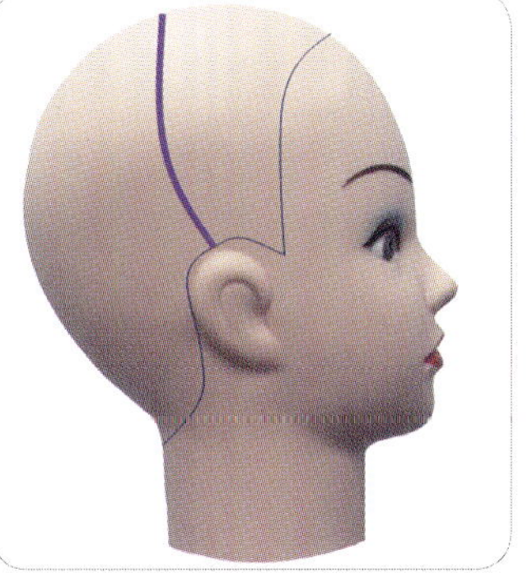

2) 시술과정 사진과 내용

1 시술 전 모습

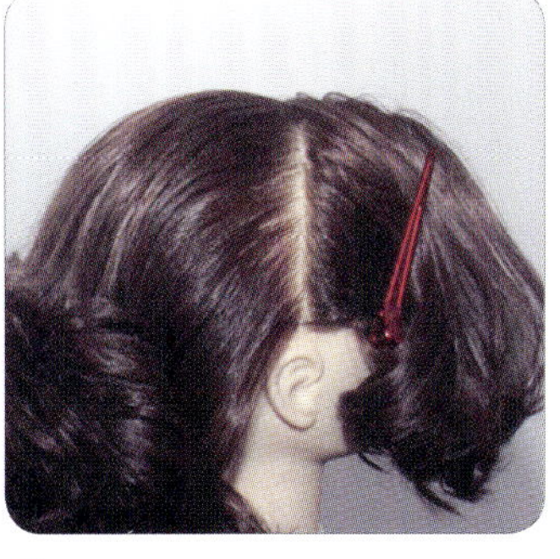

2 이어투 이어 파팅

3 탑부분 4각형으로 파팅

4 틀어서 고정

5 고정시킨 후 모습

6 아랫 부분 틀어서 위치 잡음

7 고정 후 모습

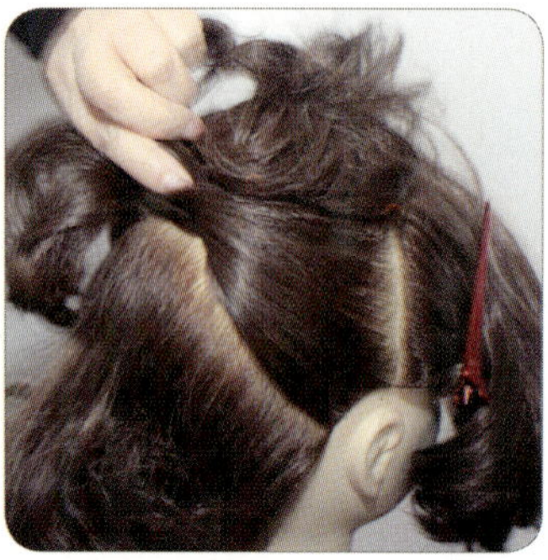

8 반대편 부분 모발 틀어서 고정

9 왼쪽 아랫부분 크게 섹션잡아 틀어서 위로 당김

10 반대 편 동일하게 시술

11 네이프 부분 동일하게 잡아서 당김

12 핀으로 고정

13 네이프 부분 크로스하여 위로 당김

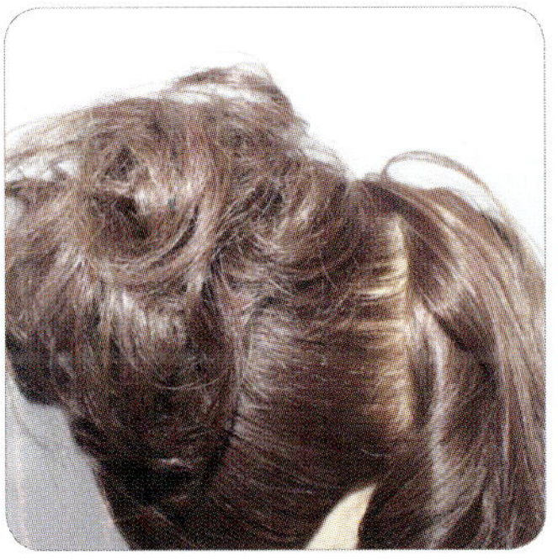

14 고정 시킨 후 모습

15 앞모발 정리

16 아래 부분 뒤로 당김

17 꼬아서 고정

18 아랫부분 꼬아서 뒤로 당겨 고정

19 옆모발 정리

20 윗부분 꼬아서 뒤로 고정

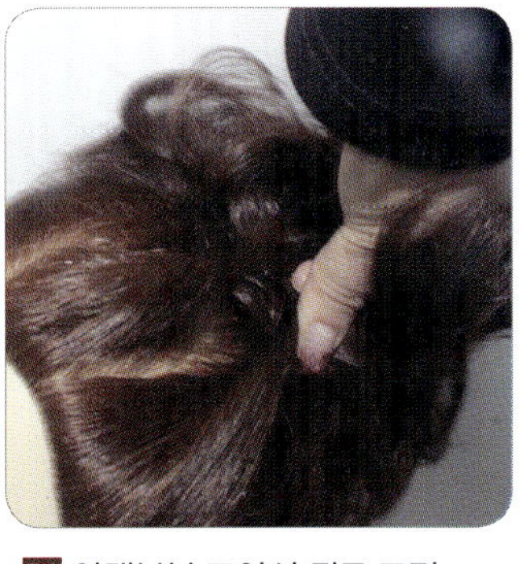

21 아랫부분 꼬아서 뒤로 고정

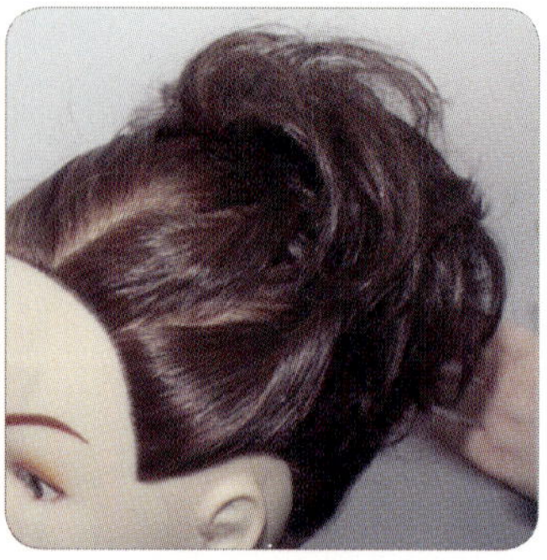

22 고정 시킨 후 마무리

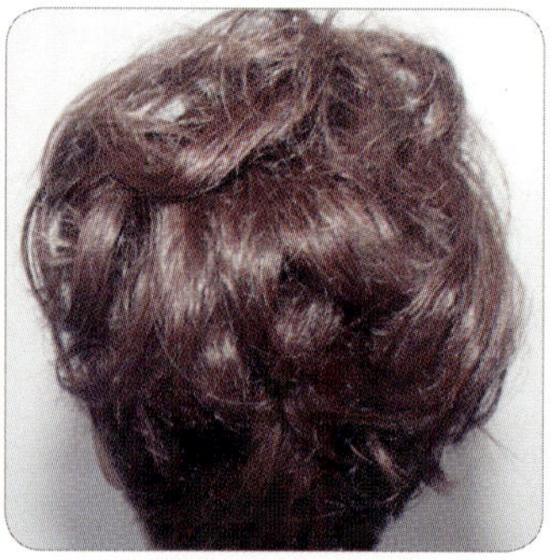

23 완성된 뒷모습

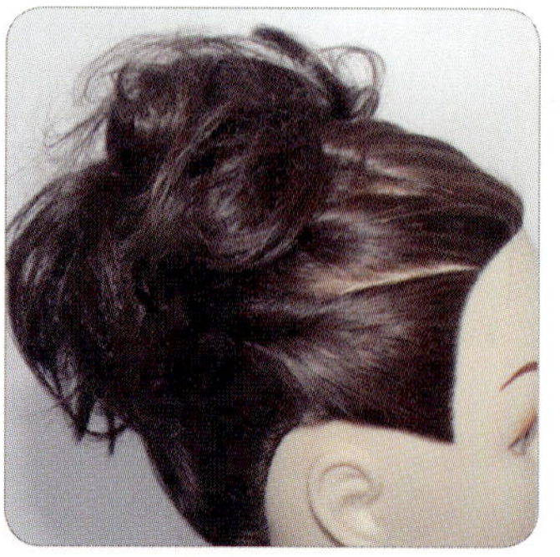

24 완성된 옆모습

25 완성된 앞모습

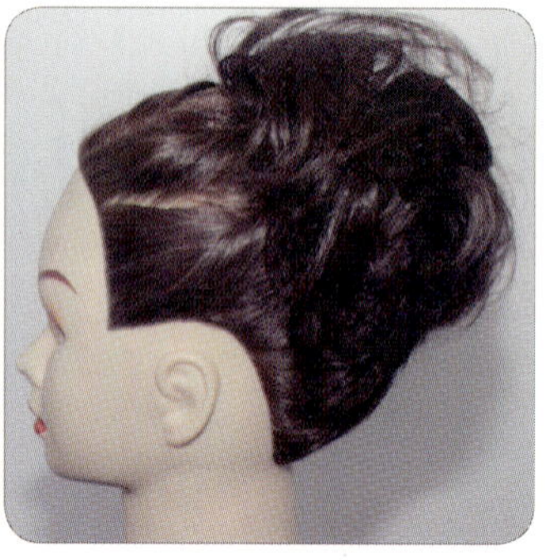

26 완성된 옆모습

참고문헌

1. 헤어업스타일 /정찬이/현문사/2006.
2. 부천미용학원/크리스챤쇼보 교육자료.
3. 블로우드라이& 업스타일/김혜경외10인/광문각/2007.
4. pivot point long hair design/ 2001.
5. 우리나리 업스타일의 변천과 재현에 관한연구/손복심/광주여자대학교 석사학위논문/2007.
6. 업스타일 마스터/이효숙외/청구문화사/2011.
7. 쉽게 배우는 업스타일/김민정외/들샘/2010.
8. 헤어세팅&업스타일/노정애/훈민사/2005.
9. 업스타일/김민정/들샘/2006.
10. 열두손가락 업스타일/김환/도원/2001.
11. 미용장실기/한국미용장협회/청구문화사/2009.
12. 업스타일총론/이숙자외/청구문화사/2007.
13. 역사로 본 전통머리/박정자외7인/광문각/2010.
14. 홍은수. 구스타브 클림트의 작품을 응용한 현대 패션디자인연구. 동덕여자대학교 패션전문대학원 석사학위, p. 16, 2003.
15. 박은희, 정홍숙.입체단면에 의한 아르누보 의상 실루엣의 패턴 연구. 한국복식학회지 50호, p. 8, 2000.
16. 한성진. 아방가르드 관점에서 본 디지털 매체예술로서 웹아트:상호매체성(intermidea)를 중심으로. 석사학위 논문, 홍익 대학교 광고홍보대학원, 2005.
17. 이백, 미니멀 아트에 관한 연구, 단국대학교 대학원 석사학위 논문, 1990.

이미정
민스헤어원장
상지영서대학교 피부미용과 겸임교수
건국대학교 향장미용학 석사

김주섭
상지영서대학교 피부미용과 교수
건국대학교 이학박사

감성으로 표현한
실용 업스타일

2013년 8월 25일 초판 인쇄
2013년 8월 30일 초판 발행

저 자 이미정 김주섭
발 행 인 조규백
발 행 처 도서출판 구민사
(150-034) 서울특별시 영등포구 영등포4가 104-1번지 동서빌딩 604호
전 화 02.701.7421~2
팩 스 02.3273.9642
홈페이지 www.kuhminsa.co.kr
등 록 제14-29호(1980년 2월 4일)
ISBN 978-89-7074-777-4 93150
값 24,000원